高 等 学 校 教 材

化工制图基础

高利斌　主编

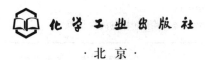
化学工业出版社
·北京·

内 容 简 介

《化工制图基础》是编者根据多年化工制图教学经验编撰，其主要内容包括：制图的基本知识，点、直线和平面的投影，立体及立体表面交线的投影，组合体的视图，机件的常用表达方法，标准件和常用件，零件图，装配图。教材主要围绕化工制图的基本理论、方法和实践应用展开，注重化工制图知识的精简和集成，以期给读者呈现一个知识完整、内容精简、逻辑严谨的知识体系，确保读者能够掌握化工制图的核心知识。

本书以高等学校本科和高等职业教育化学、化工类专业学生为主要读者对象，也可以作为其他非机械类理工科专业学生的教材和参考书，还可供相关专业从业者参考。

图书在版编目（CIP）数据

化工制图基础 / 高利斌主编. -- 北京：化学工业出版社，2025. 1. --（高等学校教材）. -- ISBN 978-7-122-46813-0

Ⅰ. TQ050.2

中国国家版本馆 CIP 数据核字第 20245LY633 号

责任编辑：李　琰　　　　　　文字编辑：葛文文
责任校对：田睿涵　　　　　　装帧设计：韩　飞

出版发行：化学工业出版社
　　　　　（北京市东城区青年湖南街 13 号　邮政编码 100011）
印　　装：三河市君旺印务有限公司
787mm×1092mm　1/16　印张 14　字数 340 千字
2025 年 3 月北京第 1 版第 1 次印刷

购书咨询：010-64518888　　　　　售后服务：010-64518899
网　　址：http://www.cip.com.cn
凡购买本书，如有缺损质量问题，本社销售中心负责调换。

定　　价：48.00 元

❖ 前　言

　　化工制图基础是一门研究绘制和阅读化工机械图样的原理与方法的基础课程，是高等学校本科和高等职业教育化学、化工类专业课程体系中重要的主干课程，在化学、化工类人才培养体系中占有重要地位。

　　本书根据编者多年化工制图教学经验编撰，其主要内容包括：制图的基本知识，点、直线和平面的投影，立体及立体表面交线的投影，组合体的视图，机件的常用表达方法，标准件和常用件，零件图，装配图。教材主要围绕化工制图的基本理论、方法和实践应用展开，编撰时注重化工制图知识的精简和集成，以期给读者呈现一个知识完整、内容精简、逻辑严谨的知识体系，确保读者能够掌握化工制图的核心知识和技能。此外，教材编撰过程中，以最新的国家标准为依据，确保了教材内容的先进性和实用性。

　　本书编撰过程中参考了其他化工制图相关的优秀教材和手册，在此对这些教材和手册的编者表示感谢。

　　由于编者水平有限，书中不妥之处在所难免，敬请读者批评指正，以便后续进一步修改和完善。

编　者

2024 年 12 月于昆明

目 录

第1章　制图的基本知识　①

第2章　点、直线和平面的投影　㉓

第5章 机件的常用表达方法 82

第6章 标准件和常用件 105

第7章　零件图　127

第8章　装配图　157

第**1**章　制图的基本知识

1.1　国家标准中有关制图的基本规定

《化工制图基础》的研究对象是表达化工零件、部件及设备的机械图样，属于工程图样的范畴。工程图样是工程和生产信息的载体，在工程上起着类似文字语言的表达作用，是工程界进行信息交流的共同语言，所以人们常把它称为"工程技术语言"。工程图样作为"工程技术语言"，必须对其绘制时的格式和表达方法作出统一规定。我国根据科学技术发展的需要，依据国际标准化组织制定的国际标准，制定并颁布了《技术制图》《机械制图》等国家标准，对图样内容、画法、尺寸注法等都作出了统一规范。这两个国家标准，是工程图样绘制和使用的准则，每个工程技术人员都必须严格遵守，并牢固树立标准化的观念。

国家标准中的每一个标准都有相应的标准代号，如 GB/T 14689—2008，其中"GB"为国家标准代号，它是"国家标准"的简称"国标"的汉语拼音的声母，"T"表示推荐性标准，如果不带"T"，则表示为国家强制性标准，"14689"表示该标准编号，"2008"表示该标准是 2008 年颁布的。

本节将摘录介绍国家标准《技术制图》和《机械制图》中对机械图样的图纸幅面、比例、图线、尺寸标注等部分的基本规定。

1.1.1　图纸幅面和图框格式（GB/T 14689—2008）

（1）图纸幅面

图纸幅面是指图纸宽度与长度组成的图面，通常用 B 表示图纸短边，L 表示长边，$L=\sqrt{2}B$。国家标准规定的标准图纸幅面有 A0、A1、A2、A3、A4 五种基本幅面，各幅面的尺寸见表 1-1。图纸幅面必要时可以按照国标 GB/T 14689—2008 的规定进行加长，加长时只能在长边方向按短边长度的整数倍增加，短边不得加长。

表 1-1　标准图纸基本幅面尺寸及图框周边尺寸参数　　　　　单位：mm

幅面代号	A0	A1	A2	A3	A4
$B \times L$	841×1189	594×841	420×594	297×420	210×297
e	20			10	
c	10			5	
a	25				

（2）图框格式

图框是图纸上限定绘图区域的线框。在图纸上必须用粗实线（见 1.1.5）画出图框，其格式分为有装订边和无装订边两种，如图 1-1 所示，同一产品的图样只能采用一种格式。图框周边尺寸参数 a、c、e 根据图纸幅面的大小按表 1-1 的规定画出。加长幅面的图框尺寸，按所选用的基本幅面大一号的图框尺寸来确定。

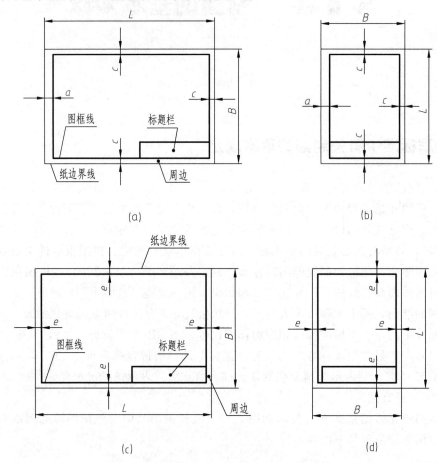

图 1-1　图框格式

（a）有装订边图纸（X 型）图框格式；（b）有装订边图纸（Y 型）图框格式；
（c）无装订边图纸（X 型）图框格式；（d）无装订边图纸（Y 型）图框格式

1.1.2　标题栏（GB/T 10609.1—2008）

标题栏是由名称及代号区、签字区、更改区和其他区组成的栏目。每张工程图样中均应有标题栏，用以说明图样的名称、代号、零件材料、绘图比例、设计单位及有关人员的签名等内容。标题栏的位置应位于图纸右下角，标题栏的长边置于水平方向并与图纸长边平行时，构成 X 型图纸，如图 1-1（a）、（c）所示。标题栏的长边置于水平方向并与图纸长边垂直时，构成 Y 型图纸，如图 1-1（b）、（d）所示。在此情况下，看图的方向与看标题栏的方向一致。

国家标准 GB/T 10609.1—2008 规定了标准图纸的标题栏的格式及尺寸，如图 1-2 所示。在学校的制图作业中，标题栏也可采用图 1-3 所示的简化形式。学生用制图作业标题栏中，通常图名用 10 号字书写，图号、校名用 7 号字书写，其余用 5 号字书写。

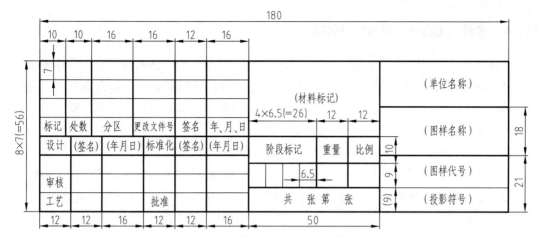

图 1-2　国家标准规定的标题栏格式

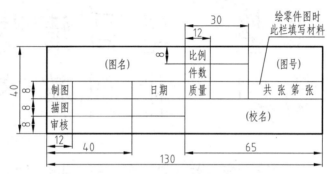

图 1-3　学生用制图作业简化标题栏格式

1.1.3　比例（GB/T 14690—1993）

比例是图样中图形与其实物相应要素的线性尺寸之比。线性尺寸是指相关的点、线、面本身的尺寸或它们的相对距离，如直线的长度、圆的直径、两平行表面的距离等。

比例一般分为原值比例、缩小比例及放大比例三种类型。绘制图样时，尽可能采用原值比例。也可以根据需要在表 1-2 规定的比例系数中选取恰当的比例。需要特别注意的是，在标注尺寸时，均应按机件的实际尺寸进行原值标注，和所选绘图比例无关。

表 1-2　比例系数

种类		比例				
优先选用	原值比例	1 : 1				
	放大比例	5 : 1	2 : 1			
		$5 \times 10^n : 1$	$2 \times 10^n : 1$	$1 \times 1^n : 1$		
	缩小比例	1 : 2	1 : 5	1 : 10		
		$1 : 2 \times 10^n$	$1 : 5 \times 10^n$	$1 : 1 \times 10^n$		
必要时选用	放大比例	4 : 1	2.5 : 1			
		$4 \times 10^n : 1$	$2.5 \times 10^n : 1$			
	缩小比例	1 : 1.5	1 : 2.5	1 : 3	1 : 4	1 : 6
		$1 : 1.5 \times 10^n$	$1 : 2.5 \times 10^n$	$1 : 3 \times 10^n$	$1 : 4 \times 10^n$	$1 : 6 \times 10^n$

注：n 为正整数。

1.1.4 字体（GB/T 14691—1993）

字体是指图样中文字、字母、数字的书写形式。图纸上的字体均应做到：字体工整、笔画清楚、间隔均匀、排列整齐。字体高度（h）代表字体的号数，其公称尺寸系列为：1.8mm、2.5mm、3.5mm、5mm、7mm、10mm、14mm、20mm。如需书写更大的字，字体高度应按 $\sqrt{2}$ 的比率递增。

（1）汉字

图样上的汉字应写成长仿宋体字，并应采用中华人民共和国国务院正式公布推行的《汉字简化方案》中规定的简化字。汉字高度 h 不应小于 3.5mm，其字宽度 b 一般为 $h/\sqrt{2}$。汉字书写示例如下。

① 10 号字

字体工整　笔画清楚
间隔均匀　排列整齐

② 7 号字

横平竖直注意起落结构均匀填满方格

③ 5 号字

化工制图基础国家标准有关制图的基本规定

④ 3.5 号字

组合体零件图装配图技术要求

（2）字母、数字及其他符号

字母和数字可写成斜体和直体。斜体字字头向右倾斜，与水平基准线成 75°。用作指数、分数、极限偏差、注脚等的数字及字母，一般应采用小一号的字体。图样中的数学符号、物理量符号、计量单位符号及其他符号、代号，应分别符合国家的有关法令和标准的规定。

图 1-4 给出了部分国家标准规定的字母和数字的书写形式，其他示例读者可自行查阅GB/T 14691—1993。

1.1.5 图线及其画法（GB/T 4457.4—2002，GB/T 17450—1998）

（1）图线的线型及其应用

图线是起点和终点间以任意方式连接的一种几何图形，形状可以是直线或曲线、连续线或不连续线。表 1-3 列出了《技术制图》和《机械制图》国家标准中规定的绘制机械图样时

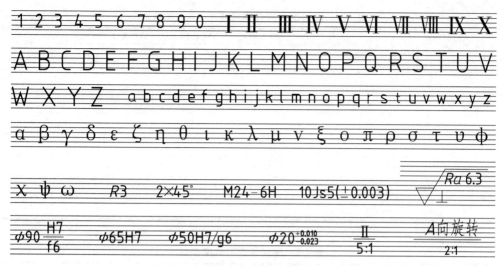

图 1-4　字母、数字及其他符号书写示例

常用的几种图线的代码、线型及一般应用。机械图样中的图线采用粗、细两种线宽，它们之间的比例为 2∶1。机械图样中各图线宽度和组别见表 1-4，构成各图线的线素（图线中不连续的独立部分）的长度见表 1-5。

表 1-3　图线的代码、线型及一般应用

代码	线型	一般应用
01.1	细实线	可见过渡线、尺寸线、尺寸界线、指引线和基准线、剖面线、重合断面轮廓线、短中心线、螺纹牙底线、尺寸线的起止线、表示平面的对角线、范围线及分界线、重复要素表示线、成规律分布的相同要素连线
	波浪线	断裂处边界线、视图与剖视图的分界线
	双折线	断裂处边界线、视图与剖视图的分界线
01.2	粗实线	可见棱边线、可见轮廓线、相贯线、螺纹牙顶线、螺纹长度终止线、齿顶圆(线)、剖切符号用线
02.1	细虚线	不可见棱边线、不可见轮廓线
02.2	粗虚线	允许表面处理的表示线
04.1	细点画线	轴线、对称中心线、分度圆(线)、孔系分布的中心线、剖切线
04.2	粗点画线	限定范围表示线
05.1	细双点画线	相邻辅助零件的轮廓线、可动零件的极限位置的轮廓线、剖切面前的结构轮廓线、轨迹线、延伸公差带表示线、中断线

注：在同一张图样上，波浪线和双折线只能采用其中一种线型。

表 1-4 机械图样中各图线宽度（d）和组别 单位：mm

线型组别	与线型代码对应的线型宽度	
	01.2、02.2、04.2	01.1、02.1、04.1、05.1
0.25	0.25	0.13
0.35	0.35	0.18
0.5	0.5	0.25
0.7	0.7	0.35
1	1	0.5
1.4	1.4	0.7
2	2	1

注：0.5 和 0.7 为优先采用的图线组别。

表 1-5 图线线素的长度参数

线素	线型	长度
点	04、05	$\leqslant 0.5d$
短间隔	02、04、05	$3d$
画	02	$12d$
长画	04、05	$24d$

图 1-5 为图线应用示例。

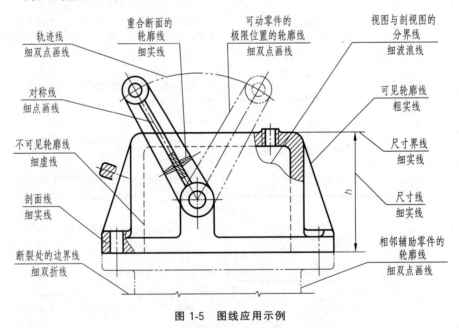

图 1-5 图线应用示例

（2）图线的画法

① 在同一张图样中，同类图线的宽度应一致。

② 除非另有规定，两条平行线之间的最小间隙不得小于 0.7mm。

③ 点画线和双点画线的首尾两端应是"画"（长画）而不是"点"（短画）。

④ 单点画线和双点画线在较小图形中绘制有困难时，可用细实线代替。

⑤ 虚线、点画线同种图线相交或与其他图线相交时，都应以"画"相交，而不应以"点"相交。

⑥ 当虚线处于粗实线的延长线上时，虚线应在粗实线的终点处断开。

⑦ 图线不得与文字、数字或符号重叠、混淆，不可避免时，图线应断开，以保证文字、数字或符号的清晰。

图线画法示例见图1-6。

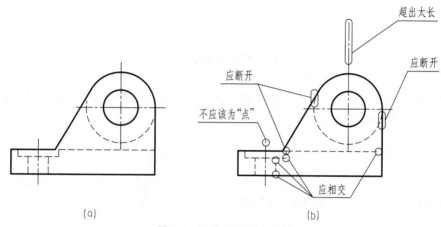

图 1-6　图线正误画法示例

(a) 正确画法；(b) 错误画法

1.1.6　尺寸注法（GB/T 4458.4—2003，GB/T 16675.2—2012）

（1）尺寸标注的基本规则

① 机件的真实大小应以图样上所注的尺寸数值为依据，与图形的大小及绘图的准确度无关。

② 图样中（包括技术要求和其他说明）的尺寸，以毫米为单位时，不需标注单位符号（或名称），如采用其他单位，则应注明相应的单位符号。

③ 图样中所标注的尺寸，为该图样所示机件的最后完工尺寸，否则应另加说明。

④ 机件的每一尺寸，一般只标注一次，并应标注在反映该结构最清晰的图形上。

（2）尺寸界线、尺寸线和尺寸数字

① 尺寸界线

尺寸界线用细实线绘制，并应由图形的轮廓线、轴线或对称中心线处引出，必要时也可直接用轮廓线、轴线或对称中心线作为尺寸界线，如图1-7所示。尺寸界线一般应与尺寸线垂直，必要时也允许倾斜。

② 尺寸线

尺寸线用细实线绘制，其终端可以有图1-8所示的两种形式。箭头形式适用于各种类型图样，机械图样中一般采用箭头作为尺寸线的终端。斜线形式用细实线绘制，当尺寸线的终端采用斜线形式时，尺寸线与尺寸界线应相互垂直。当尺寸线与尺

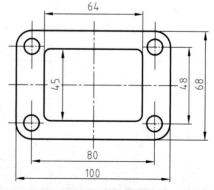

图 1-7　尺寸界线的画法

寸界线相互垂直时，同一张图样中只能采用一种尺寸线终端的形式。

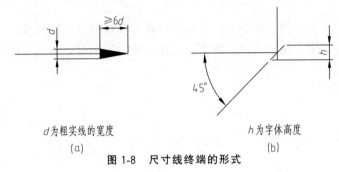

d为粗实线的宽度

h为字体高度

(a)　　　　　　　　　　　　(b)

图 1-8　尺寸线终端的形式

（a）箭头；（b）斜线

　　标注线性尺寸时，尺寸线应与所标注的线段平行。尺寸线不能用其他图线代替，也不得与其他图线重合或画在其延长线上。

③ 尺寸数字

　　线性尺寸的尺寸数字通常按图 1-9（a）所示注写，水平方向尺寸数字的字头向上，垂直方向尺寸数字的字头向左，倾斜方向尺寸数字的字头都有向上的趋势，并尽量避免在图中所示 30°影线范围内标注尺寸，无法避免时可按图 1-9（b）的形式注写。

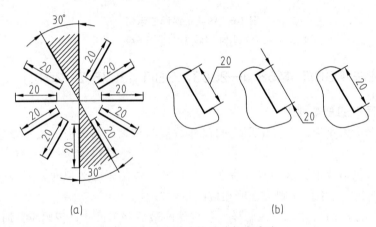

(a)　　　　　　　　　　　　(b)

图 1-9　线性尺寸的尺寸数字注法

　　尺寸数字前面的符号用于区分不同类型的尺寸，根据 GB/T 4458.4—2003 的规定，常用的标注尺寸的符号和缩写词见表 1-6。

表 1-6　常用的标注尺寸的符号和缩写词

含义	符号或缩写词	含义	符号或缩写词	含义	符号或缩写词
直径	ϕ	均布	EQS	埋头孔	∨
半径	R	45°倒角	C	弧长	⌒
球直径	$S\phi$	正方形	□	斜度	∠
球半径	SR	深度	↧	锥度	◁
厚度	t	沉孔或锪平	⌴	展开长	↻

（3）尺寸注法示例

表 1-7 列出了部分国家标准所规定的尺寸注法。

表 1-7　尺寸注法示例

标注内容	说明	示例
角度	尺寸界线应沿径向引出,尺寸线应画成圆弧,圆心是该角的顶点,角度数字一律写成水平方向,一般注写在尺寸线的中断处,如(a)所示。 必要时角度数字也可以注写在尺寸线的上方或外侧,也可引出标注,如(b)所示	
直径	整圆或大于半圆应注直径。 尺寸线通过圆心,尺寸线的两个终端画成箭头,尺寸数字前加注符号"ϕ",如(a)所示。 当圆略大于一半时,尺寸线应略超过圆心,此时仅在尺寸线的一端画出箭头,如(b)所示。 必要时,非圆投影上可按(c)所示注出	
半径	半圆或小于半圆的圆弧标注半径。 标注圆弧半径时,尺寸线的一端一般应画到圆心,以明确表示其圆心的位置,另一端画成箭头。在尺寸数字前应加注符号"R"	
大圆弧	当圆弧的半径过大或在图纸范围内无法标出其圆心位置时,可按(a)的形式注出。 若不需要标出圆心位置时,可按(b)的形式注出	
小尺寸	在没有足够的位置画箭头或注写数字时,可按(a)、(b)、(c)所示注写,此时,允许用圆点或斜线代替箭头	

标注内容	说明	示例
球面	标注球面的直径或半径时,一般应在符号"ϕ"或"R"前再加注符号"S",如(a)、(b)所示。 对于轴、螺杆、铆钉以及手柄等的端部,在不致引起误解的情况下,也可省略符号"S",如(c)所示	
弧长和弦长	标注弧长的尺寸界线应平行于该弧所对圆心角的角平分线,尺寸线用圆弧,尺寸数字左方应加注符号"⌒",如(a)所示。 标注弦长的尺寸界线应平行于该弦的垂直平分线,尺寸线应平行于该弦,如(b)所示	
均布的结构	在同一图形中,对于尺寸相同的孔、槽等组成要素,可仅在一个要素上注出其尺寸和数量,如(a)所示。 当组成要素的定位和分布情况在图形中已明确时,可不标注其角度并省略缩写词"EQS",如(b)所示	
对称机件	当对称机件的图形只画出一半或略大于一半时,尺寸线应略超过对称中心线或断裂处的边界线,此时仅在尺寸线的一端画出箭头	
光滑过渡处	在光滑过渡处标注尺寸时,应用细实线将轮廓线延长,从它们的交点处引出尺寸界线,尺寸界线一般应垂直,若不清晰时,也允许倾斜	
图线通过尺寸数字的处理	尺寸数字不可被任何图线所通过,否则应将该图线断开	

1.2　常用绘图工具和用品

本节将简要介绍图板、丁字尺、三角板、圆规、分规、擦图片、曲线板、绘图铅笔等常用的绘图工具和用品以及它们的使用方法。

1.2.1　图板、丁字尺和三角板

（1）图板

图板用以铺放和固定图纸，其板面平整光滑，四周镶有硬木边框，两侧的短边是丁字尺的导向边，如图1-10所示。在图板上通常使用透明胶带纸固定图纸四角，不能使用图钉，以免图钉扎孔损坏板面以及影响丁字尺的上下移动。

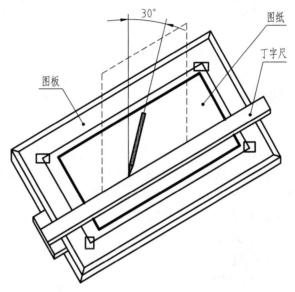

图1-10　图板及丁字尺

常用的图板尺寸规格见表1-8，在选用时一般应与绘图纸张的尺寸相适应，与同号图纸相比每边加长50mm。

表1-8　常用图板尺寸规格

图板规格代号	0	1	2	3
图板尺寸(宽×长)/(mm×mm)	920×1220	610×920	460×610	305×460

（2）丁字尺

丁字尺主要用于画长的水平线，它由互相垂直并连接牢固的尺头和尺身两部分组成，尺身沿长度方向带有刻度的侧边为工作边。绘图时，要使尺头紧靠图板左边，并沿其上下滑动到需要画线的位置，同时使笔尖紧靠尺身，笔杆略向右倾斜，从左向右匀速画出水平线，如图1-10所示。

（3）三角板

三角板由45°和30°（60°）各一块组成一副，规格用长度 L 表示。如图1-11所示，三角板可配合丁字尺使用来画特殊角度、垂直线、倾斜线以及已知直线的平行线或垂直线。

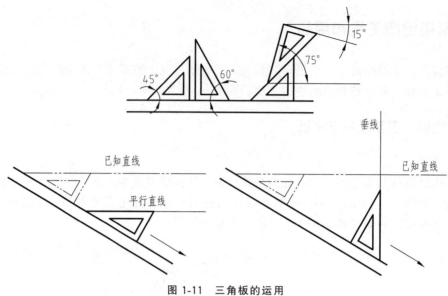

图 1-11　三角板的运用

1.2.2　圆规、分规和铅笔

（1）圆规

圆规一条腿下端装有钢针，用于确定圆心，另一条腿端部可拆卸换装铅芯插脚或墨线笔插脚，可分别绘制铅笔圆和墨线笔圆。画圆前圆规两腿合拢时，铅芯要与钢针平齐，如图1-12（a）所示。在画较大圆或圆弧时，应使圆规的两条腿都垂直于纸面，如图1-12（b）所示。腿长度不够时，还应接上加长杆，如图1-12（c）所示。

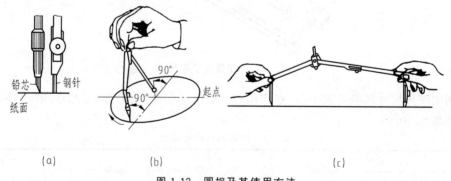

图 1-12　圆规及其使用方法

（2）分规

分规主要用来量取线段长度、截取线段和等分线段。使用时应确保分规两腿合拢后，两针尖能聚于一点，如图1-13（a）所示。等分线段时，在图纸上使两针尖沿要等分的线段依次摆动前进，如图1-13（b）所示。

（3）铅笔

铅笔的铅芯有软硬之分，铅笔上标注的"H"表示铅芯的硬度，"B"表示铅芯的软度，字母前的数字越大表明铅芯越硬或越软，"HB"表示软硬适中。绘制图样时，应使用3H、2H等较硬的铅笔打底稿，用HB铅笔写字，用B或2B铅笔加深图线。写字或画底稿时，

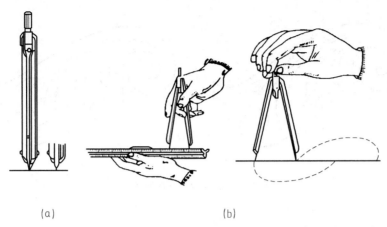

(a)   (b)

图 1-13 分规及其使用方法

铅芯一般削成圆锥形，加深图线时，铅芯应磨成矩形，笔芯露出 6～8mm，如图 1-14 所示。

(a)   (b)

图 1-14 铅笔的使用方法

（a）圆锥形铅芯；（b）矩形铅芯

1.2.3 擦图片和曲线板

（1）擦图片

擦图片上面刻有各种形状的镂孔用来擦除图线，如图 1-15 所示。使用时，选择擦图片上形状、大小适宜的镂孔，使要擦去的部分从镂孔中露出，然后用橡皮擦去。

（2）曲线板

如图 1-16 所示，使用曲线板画非圆曲线时，首先找到曲线上若干点，再徒手用铅笔过各点轻轻勾画出曲线，然后选择曲线板上曲率合适的部分按照"找四连三，首尾相叠"的原则逐段描绘。

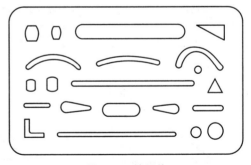

图 1-15 擦图片

1.3 常用的几何作图方法

图样绘制中，常需要等分线段、等分角、等分圆周、画椭圆、画斜度和锥度以及画圆弧连接等。本节将对这些几何作图方法进行介绍。

(a)
(b)

图 1-16　曲线板及其使用方法

1.3.1 等分线段和等分角

等分线段和等分角的几何作图方法如表 1-9 所示。

表 1-9　等分线段和等分角的几何作图方法

直线段的五等分		
①已知直线段 AB	②过 A 点作任意直线 AC，在 AC 上从点 A 起截取任意长度五等分，得点 $1、2、3、4、5$	③连接 $B、5$ 两点，过其余点分别作平行于 $B5$ 的直线，交 AB 于四个等分点
角的二等分		
①以 O 为圆心，任意长为半径作圆弧，分别交 $OA、OB$ 于点 $C、D$	②分别以 $C、D$ 为圆心，R 为半径作圆弧交于点 E	③连接 OE，即为 $\angle AOB$ 的二等分线

1.3.2 等分圆周（作圆内接正多边形）

用尺规等分圆作圆内接正多边形的方法和步骤如表 1-10 所示。

表 1-10　作圆内接正多边形的方法和步骤

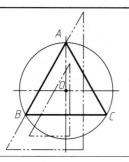

圆内接等边三角形

60°三角板的短直角边水平放置，斜边过点 A 画线，与外接圆交于点 B，过点 B 作水平线交外接圆于点 C，连接 A、B、C 三点即可

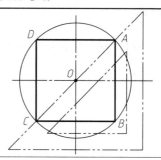

圆内接正方形

45°三角板的任一直角边水平放置，斜边过圆心画线，与外接圆交于 A、C 两点，分别过点 A、C 作水平线交外接圆于 D、B 两点，顺次连接 A、B、C、D、A 即可

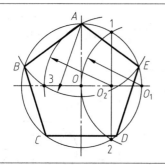

圆内接正五边形

以 O_1 为圆心，O_1O 为半径，作圆弧与外接圆交于 1、2 两点，连接点 1、2 与水平中心线交于 O_2，O_2 即为半径 O_1O 的中点；以 O_2 为圆心，O_2A 为半径作圆弧交水平中心线于点 3；以 A3 为半径顺次等分外接圆，得到点 A、B、C、D、E，顺次连接 A、B、C、D、E、A 即可

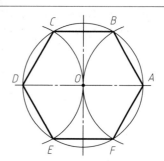

圆内接正六边形

分别以 A、D 为圆心，AO、DO 为半径，作圆弧交外接圆于 B、F、C、E 四点，顺次连接 A、B、C、D、E、F、A 即可

　　其他圆内接任意正多边形的作图方法如图 1-17 所示，以作圆内接正七边形为例，半径为 R 的圆的内接正 n 边形的作图方法如下：

　　① 把直径 AB 七等分，得等分点 1、2、3、4、5、6，如图 1-17（a）所示。

　　② 以点 A 为圆心，AB 为半径，作圆弧交水平中心线的延长线于 P、Q 两点，如图 1-17（b）所示。

　　③ 分别作 P、Q 两点与等分点 2、4、6（或 1、3、5）的连线并延长与外接圆交于点 C、H、D、G、E、F，如图 1-17（c）所示。

　　④ 顺次连接 A、C、D、E、F、G、H、A 即得圆内接正七边形，如图 1-17（d）所示。

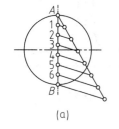
(a)

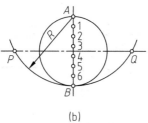
(b)

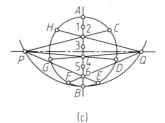
(c)

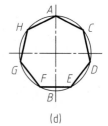
(d)

图 1-17　圆内接正七边形的作图方法

1.3.3 椭圆

椭圆有多种不同的画法，表 1-11 介绍了同心圆法和四心圆法。

表 1-11　椭圆的画法

同心圆法作椭圆		
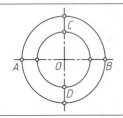	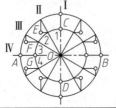	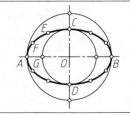
①已知椭圆的长轴 AB 和短轴 CD，以 O 为圆心，分别以 OA、OC 为半径作两个同心圆	②将两同心圆等分（图例为 12 等分），得等分点 Ⅰ、Ⅱ、Ⅲ、Ⅳ…和 1、2、3、4…，过大圆等分点作短轴的平行线，过小圆等分点作长轴的平行线，两组平行线分别交于点 E、F、G…	③用曲线板顺次将点 E、F、G…光滑地连接起来，即得所求椭圆
四心圆法作椭圆		
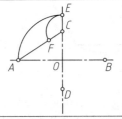	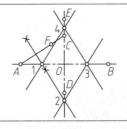	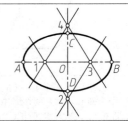
①已知椭圆的长轴 AB 和短轴 CD，以 O 为圆心，OA 为半径作圆弧交短轴 OC 的延长线于点 E；连接 A、C，以 C 为圆心，CE 为半径作圆弧交 AC 于点 F	②作线段 AF 的垂直平分线，并分别交长、短轴于点 1、2；以 O 为中心，作点 1、2 的对称点 3、4；作连心线 21、23、41、43，并延长	③分别以 1、3 为圆心，$1A$、$3B$ 为半径作圆弧至连心线的延长线，再分别以 2、4 为圆心，$2C$、$4D$ 为半径作圆弧至连心线的延长线，即得所求椭圆

1.3.4 斜度和锥度

（1）斜度

斜度是指一直线对另一直线，或一平面对另一平面的倾斜程度。如图 1-18（a）所示，

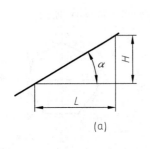

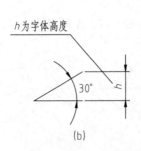

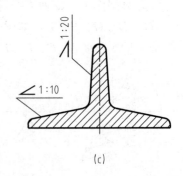

图 1-18　斜度、斜度符号及斜度的注法

斜度＝$\tan\alpha$＝H/L＝1：(L/H)＝1：n。标注斜度时，在数字前应加注图1-18（b）所示的斜度符号"$\angle$"，"$\angle$"的指向应与直线或平面倾斜的方向一致，如图1-18（c）所示。

（2）锥度

如图1-19（a）所示，锥度是指正圆锥的底圆直径D与该圆锥高度H之比，对于圆台，则为两底圆直径之差（$D-d$）与圆台高度h之比，即锥度＝D/H＝$(D-d)/h$＝$2\tan\alpha$（其中α为1/2锥顶角），比值化为1：n的形式。锥度标注时，应加注图1-19（b）所示的锥度符号，锥度符号的方向应与锥度的方向一致，如图1-19（c）所示。

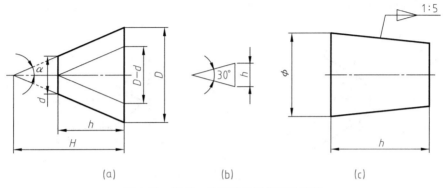

(a)　　　　　　(b)　　　　　　(c)

图1-19　锥度、锥度符号及锥度的注法

1.3.5　圆弧连接

绘制平面图形时，经常需要用一个圆弧将两条直线、一个圆弧与一条直线或两个圆弧以相切的方式光滑地连接起来，这种连接作图称为圆弧连接。用来连接已知直线或已知圆弧的圆弧称为连接圆弧，切点称为连接点。

圆弧连接作图的几何原理如下：

① 作半径为R的连接圆弧与已知直线相切，连接圆弧的圆心O的轨迹是与已知直线平行且距离为R的一条直线，切点是由连接圆弧的圆心O向已知直线作垂线的垂足A，如图1-20（a）所示。

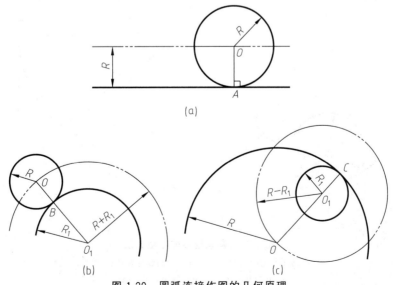

(a)

(b)　　　　　　(c)

图1-20　圆弧连接作图的几何原理

② 作半径为 R 的连接圆弧与已知圆弧（圆心 O_1，半径 R_1）相外切，连接圆弧的圆心 O 的轨迹是以 O_1 为圆心，$R+R_1$ 为半径的圆，切点是 O 和 O_1 的连线与已知圆弧的交点 B，如图 1-20（b）所示。

③ 作半径为 R 的连接圆弧与已知圆弧（圆心 O_1，半径 R_1）相内切，连接圆弧的圆心 O 的轨迹是以 O_1 为圆心，$R-R_1$ 为半径的圆，切点是 O 和 O_1 的连线延长后与已知圆弧的交点 C，如图 1-20（c）所示。

各种圆弧连接的作图方法如图 1-21 所示。

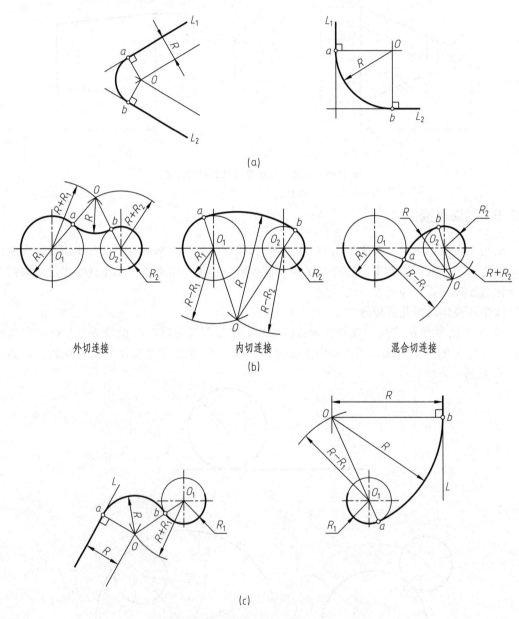

外切连接　　　　　　　内切连接　　　　　　　混合切连接

(b)

(c)

图 1-21　圆弧连接的作图方法

（a）用圆弧连接两已知直线；（b）用圆弧连接两已知圆弧；

（c）用圆弧连接一已知直线和一已知圆弧

1.4 平面图形的作图方法

平面图形是由直线、圆弧以及曲线等几何元素连接而成的，这些几何元素统称为线段。在画平面图形时应先对其进行尺寸分析和线段分析，搞清楚平面图形的构成、各线段性质及它们之间的相互关系，然后在此基础上进行画图。

1.4.1 平面图形的分析

（1）平面图形的尺寸分析

平面图形中的尺寸分为定形尺寸和定位尺寸两类。另外，要确定平面图形中线段（直线、圆弧、曲线）的相对位置，还必须有尺寸基准。平面图形的尺寸分析就是要搞清楚平面图形的尺寸基准，以及构成平面图形的线段的定形尺寸和定位尺寸。

① 尺寸基准

尺寸基准是确定尺寸位置的几何元素。一般平面图形中常选作尺寸基准的几何元素有：对称线、圆的中心线、重要的轮廓线等。平面图形中的任何线段均需横向和纵向两个方向上的尺寸基准才能确定其准确位置。例如在图 1-22 所示的平面图形中，水平轴线是纵向（对轴类形体，即为径向）尺寸基准，弧形轴段的端面是横向（对轴类形体，即为轴向）尺寸基准。

② 定形尺寸

定形尺寸是确定平面图形中各线段形状大小的尺寸，如图 1-22 中的 $\phi20$、$R20$、$R40$、$R60$、$R10$ 等。

③ 定位尺寸

定位尺寸是确定平面图形上各线段相对位置的尺寸，如图 1-22 中的 25。平面图形上的任何一个几何元素都需要横向和纵向两个方向的定位尺寸才能确定其在平面图形中的准确位置。平面图形中有的定位尺寸需要经过计算后才能得到，如图 1-22 中 $R10$ 的圆弧，其圆心在水平轴线上，其轴向的定位尺寸为：$150-25-10=115$。

（2）平面图形的线段分析

平面图形中的线段分为已知线段、中间线段和连接线段。平面图形的线段分析就是要搞清楚构成平面图形的线段中，哪些是已知线段，哪些是中间线段，哪些是连接线段。

定形尺寸和两个定位尺寸都已知的线段属于已知线段。定形尺寸已知，两个定位尺寸一个已知，一

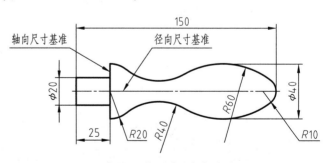

图 1-22 平面图形的尺寸分析与线段分析示例

个未知的线段属于中间线段。定形尺寸已知，两个定位尺寸都未知的线段属于连接线段。要特别说明的是，这里的"尺寸已知"包括两种情况：①尺寸已直接标注出来；②尺寸没有直接标注出来，但是可以通过不涉及和其他线段的连接关系就可以计算出来。"尺寸未知"指的是尺寸没有直接标注出来，必须通过和其他线段的连接关系才能计算出来。

如图 1-22 中，直线、$R20$ 以及 $R10$ 的圆弧属于已知线段，$R60$ 的圆弧属于中间线段，$R40$ 的圆弧属于连接线段。画平面图形时，应先画已知线段，再画中间线段，最后画连接线段。

1.4.2 平面图形的画法

平面图形的作图步骤如下：

① 用胶带纸将图纸固定在图板上，位置要适当，图纸下边至图板边缘的距离应略大于丁字尺的宽度。

② 画出图框线及标题栏的底稿。

③ 确定尺寸基准，对平面图形进行尺寸分析和线段分析，搞清楚构成平面图形的线段中，哪些是已知线段，哪些是中间线段，哪些是连接线段。

④ 根据图纸幅面和平面图形的大小选择恰当的绘图比例。

⑤ 画出平面图形横向和纵向的绘图基准线，以确定平面图形在图框中的准确位置。绘图基准线通常选择平面图形的对称线、中心线或上、下、左、右的重要轮廓线。

⑥ 按照先画已知线段，再画中间线段，最后画连接线段的顺序画出平面图形的轮廓线底稿。

⑦ 检查有无错误。

⑧ 确定无误后，加粗、描深，然后擦去多余的图线。加粗、描深时应按从上到下，从左到右，先曲线后直线，先水平线后垂直线的顺序依次加粗、描深中心线、粗实线、虚线、细实线。

⑨ 标注尺寸。

⑩ 加深图框线和标题栏，并填写相关内容及说明，完成作图。

图 1-22 所示平面图形的绘图步骤如图 1-23 所示。

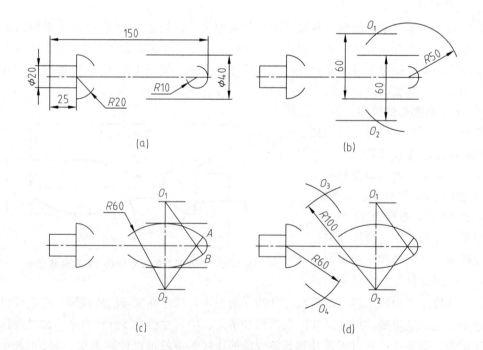

(a)

(b)

(c)

(d)

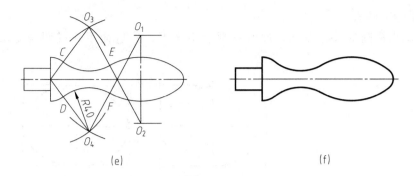

(e)　　　　　　　　　　　　　　　(f)

图 1-23　平面图形的画图步骤

（a）画已知线段：直线、$R20$ 圆弧、$R10$ 圆弧；（b）作中间线段 $R60$ 圆弧的圆心；（c）画中间线段 $R60$ 的圆弧；
（d）作连接线段 $R40$ 圆弧的圆心；（e）画连接线段 $R40$ 的圆弧；（f）检查、加粗、描深，完成作图

1.5　徒手绘制草图

草图是不借助绘图工具，通过目测表达对象的形状大小，仅用铅笔徒手绘制的图样。草图不是潦草的图，草图上的线条也要粗细分明，基本平直，方向正确，长短大致符合比例，线型符合国家标准。画草图时应做到：目测要准、画线要稳、图线清晰、比例适当、尺寸无误、字体工整。

1.5.1　徒手绘制基本几何元素的方法

（1）直线的画法

画直线时，根据直线的长度先定出起讫点，眼视终点，小指压住纸面，手腕不宜紧贴纸面，随线移动画到终点，如图 1-24 所示。画长线时可用目测在直线中间定出几个点，然后分段画出。

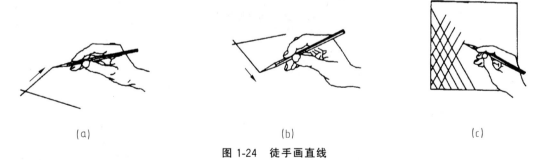

(a)　　　　　　　　　　　(b)　　　　　　　　　　　(c)

图 1-24　徒手画直线

（a）画水平直线；（b）画垂直线；（c）画斜线

（2）圆的画法

画圆时先徒手作两条相互垂直的中心线，再过圆心画出与水平线成 45°角的斜交线，目测估算半径的大小后在各线上定出半径长度相同的八个点，然后将各点连接成圆，如图 1-25 所示。

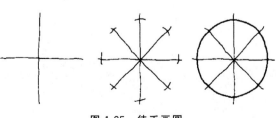

图 1-25　徒手画圆

（3）椭圆的画法

先目测画出椭圆的长、短轴，过四点画一个矩形，然后徒手作椭圆与矩形相切，如图 1-26 所示。

图 1-26　徒手画椭圆

1.5.2　徒手绘制平面图形的方法

徒手画平面图形时，不要急于画细部，先要考虑大局，注意图形的长与高的比例，以及图形的整体与细部的比例是否正确，要尽量做到直线平直、曲线光滑、尺寸完整，如图 1-27 所示。

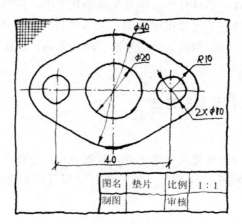

图 1-27　徒手画平面图形

第**2**章 点、直线和平面的投影

2.1 投影法和投影

2.1.1 投影法与投影的概念

在日常生活中，空间一个物体在光线照射下在某一平面会得到影子，但影子内部为一个整体，只能表达物体的整体轮廓，如图 2-1（a）所示。将这种得到影子的现象进行抽象，假设光线能够透过物体而将构成物体的点、线、面在某平面上投射得到它们的"影子"，这些点、线、面的"影子"将组成一个能够反映出物体形状的图形。《技术制图》中，将这种投射线（发自投射中心且通过被表示物体上各点的直线）通过物体，向选定的面投射，并在该面上得到图形的方法称为投影法。根据投影法所得到的图形称为投影，得到图形的面称为投影面，如图 2-1（b）所示。

2.1.2 投影法的分类

根据投射线的类型（平行或汇交），投影面与投射线的相对位置（垂直或倾斜）及物体的主要轮廓与投影面的相对关系（平行、垂直或倾斜），投影法可分为中心投影法和平行投影法。

（1）中心投影法

投射线汇交于一点的投影法称为中心投影法，如图 2-2（a）所示。工程上常用中心投影法绘制透视投影。

（2）平行投影法

投射线相互平行的投影法称为平行投影法。平行投影法又分为正投影法和斜投影法。投射线与投影面相倾斜的平

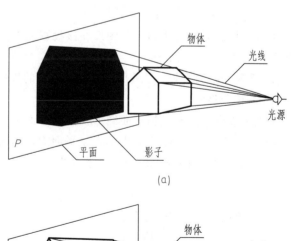

(a)

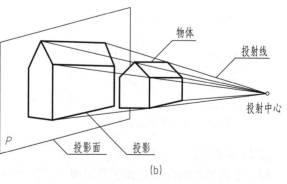

(b)

图 2-1　投影法与投影

行投影法称为斜投影法，根据斜投影法所得到的图形称为斜投影（斜投影图），如图2-2（b）所示。投射线与投影面相垂直的平行投影法称为正投影法，根据正投影法所得到的图形称为正投影（正投影图），如图2-2（c）所示。

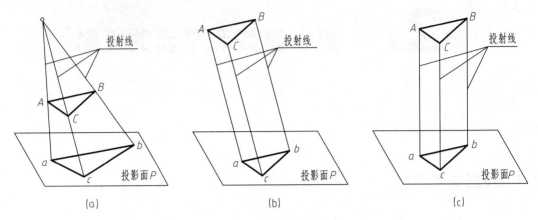

图 2-2　投影法的分类

（a）中心投影法；（b）斜投影法；（c）正投影法

正投影法能真实反映物体的形状和大小，在工程中应用十分广泛，技术图样通常都是采用正投影法来绘制的。本书后续所用的投影法均为正投影法，书中所述投影均为正投影。

2.2　正投影法的基本特性

（1）实形性

平行于投影面的直线和平面图形在该投影面上的投影反映了直线的实长和平面图形的实际形状和大小。如图2-3所示，DE 和△ABC 分别平行于平面 P，因而 DE 在平面 P 上的投影 de 反映 DE 的实长，△ABC 在平面 P 上的投影△abc 反映△ABC 的实际形状和大小。

（2）积聚性

垂直于投影面的直线和平面图形在该投影面上的投影分别积聚为一个点和一条直线。如图2-4所示，DE 和△ABC 分别垂直于平面 P，因而 DE 在平面 P 上的投影积聚为一个点，△ABC 在平面 P 上的投影积聚为一条直线。

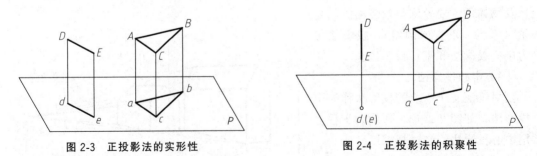

图 2-3　正投影法的实形性　　　　　　　图 2-4　正投影法的积聚性

（3）类似性

倾斜于投影面的直线，在该投影面上的投影仍是直线，但长度变短。倾斜于投影面的平面图形，在该投影面上的投影是一个比真实图形小，但边数相等、形状相似的类似形。如图

2-5 所示，DE 和△ABC 分别倾斜于平面 P，因而 DE 在平面 P 上的投影 de 比 DE 的实长短，△ABC 在平面 P 上的投影△abc 是△ABC 的类似形。

（4）平行性

空间两直线若相互平行，则它们的同面投影也相互平行。如图 2-6 所示，AB 和 CD 相互平行，因而它们在平面 P 上对应的投影 ab 和 cd 也相互平行。

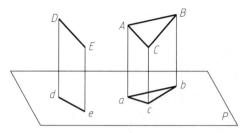

图 2-5　正投影法的类似性

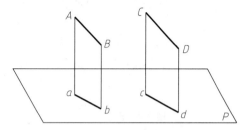

图 2-6　正投影法的平行性

（5）从属性

若点在直线上，则点的投影必在该直线的同面投影上。若点或直线在平面上，则点或直线的投影必在该平面的同面投影上。如图 2-7 所示，点 K 在直线 AD 上，因而点 K 在平面 P 上的投影 k 必然在直线 AD 在平面 P 上的投影 ad 上。点 K 和直线 AD 在△ABC 上，因而它们在平面 P 上对应的投影 k 和 ad 必然在△ABC 在平面 P 上的投影△abc 上。

（6）定比性

点分直线所得的长度之比，等于该点的投影分该直线的同面投影的长度之比。两平行直线的长度之比，等于两直线同面投影的长度之比。如图 2-8 所示，点 E 在 AB 上，点 F 在 CD 上，AB//CD，ab、cd、e 和 f 分别是 AB、CD、点 E 和 F 在平面 P 上对应的投影，因而 $AE/EB = ae/eb$，$CF/FD = cf/fd$，$AB/CD = ab/cd$。

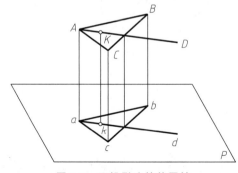

图 2-7　正投影法的从属性

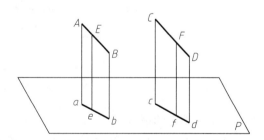

图 2-8　正投影法的定比性

2.3　视图和三视图

2.3.1　视图

根据有关标准和规定，用正投影法所绘制出的物体的图形称为视图，如图 2-9 所示。

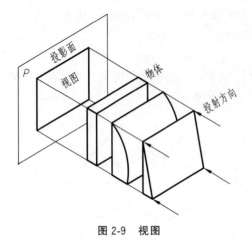

图 2-9　视图

2.3.2　三视图

一个视图只能反映物体一个方向上的结构形状，往往不能完整反映物体在三维空间的真实结构形状。通常需要从不同方向对物体进行投射得到不同方向的视图，这些视图相互补充才能完整反映物体在三维空间的真实结构形状。技术制图中常用物体在三投影面体系内投射得到的三视图来表达物体的结构形状。

（1）三投影面体系

技术制图中，用水平和铅垂的两投影面将空间分为四个区域，即四个分角，并按顺序编号为第一分角、第二分角、第三分角、第四分角，如图 2-10（a）所示。技术图样应采用第一角画法，即将物体置于第一分角内，并使其处于观察者与投影面之间而得到多面正投影。在第一角画法的多面正投影中，为了更完整、清晰地反映物体的结构形状，还需增加一个与水平投影面和铅垂投影面都垂直的侧面投影面构成三投影面体系。在三投影面体系中，三个相互垂直的投影面属于基本投影面，分别用 V（正立投影面）、H（水平投影面）、W（侧立投影面）表示，相互垂直的投影面之间的交线称为投影轴，相互垂直的三根投影轴分别用 OX、OY、OZ 表示，如图 2-10（b）所示。

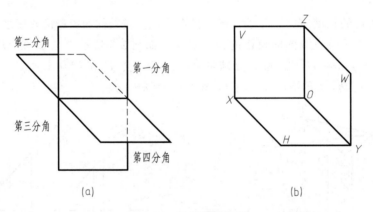

(a)　　　　　　　　　　　(b)

图 2-10　三投影面体系

（2）三视图的形成

如图 2-11（a）所示，将物体放置于三投影面体系中，用正投影法将物体由前向后投射，在 V 面所得的视图称为主视图，将物体由上向下投射，在 H 面所得的视图称俯视图，将物体由左向右投射，在 W 面所得的视图称左视图。主视图、俯视图和左视图通常称为三视图。三视图是从三个不同方向对同一个物体进行投射的结果，能较完整地表达物体的结构形状。

物体在三投影面体系中投射得到三视图后，需要将三投影面展开，以将三视图配置在同一个平面上。三投影面展开时，以 V 面为基准，将 Y 轴"剪开"（Y 轴一半留在 H 面上，称为 Y_H 轴，一半留在 W 面上，称为 Y_W 轴），然后 H 面绕 X 轴向下转 $90°$，W 面绕 Z 轴向右转 $90°$。展开后，以主视图为基准，俯视图配置在主视图的正下方，左视图配置在主视

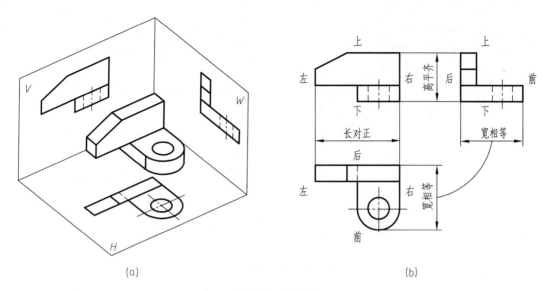

(a)   (b)

图 2-11 三视图

（a）三视图的形成；（b）三视图及其投影规律

图的正右边，如图 2-11（b）所示。

（3）三视图的投影规律

通常规定，物体左右方向为长度方向，前后方向为宽度方向，上下方向为高度方向。由图 2-11（a）和（b）可以看出，主视图反映物体的上下、左右的位置关系，俯视图反映物体的前后、左右的位置关系，左视图反映物体的上下、前后的位置关系。主视图反映物体的长和高的尺寸关系，俯视图反映物体的长和宽的尺寸关系，左视图反映物体的宽和高的尺寸关系。由此可得出三视图"长对正、高平齐、宽相等"的投影规律，即：

主、俯视图——长对正；

主、左视图——高平齐；

俯、左视图——宽相等。

2.4 点的投影

2.4.1 点的三面投影及其投影规律

将空间一个点置于三投影面体系中，分别向 V、H、W 三个投影面投影，可以得到点的三面投影，如图 2-12（a）所示。通常空间点用大写字母，如 A、B、C 等表示，在 V 面上的投影用其相应的小写字母加一撇，如 a'、b'、c' 等表示，在 H 面上的投影用其相应的小写字母，如 a、b、c 等表示，在 W 面上的投影用其相应的小写字母加两撇，如 a''、b''、c'' 等表示。

如图 2-12（b）所示，将三投影面按前述三视图的方式展开，即得空间点 A 的三面投影 a'、a、a''。从图 2-12（b）可以看出，点 A 的三面投影具有如下规律：

① 点的 V 面投影和 H 面投影的连线垂直于 OX 轴，即 $a'a \perp OX$（长对正）；

② 点的 V 面投影和 W 面投影的连线垂直于 OZ 轴，即 $a'a'' \perp OZ$（高平齐）；

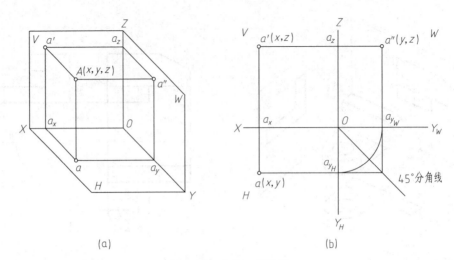

（a）　　　　　　　　　　　　　（b）

图 2-12　点的三面投影

③ 点的 H 面投影至 OX 轴的距离与点的 W 面投影至 OZ 轴的距离相等，即 $aa_x = a''a_z$（宽相等）。

作图时，可通过 $45°$ 分角线或以 O 为圆心，Oa_{y_H}（或 Oa_{y_W}）为半径作辅助圆弧，以求得 $aa_x = a''a_z$，如图 2-12（b）所示。

2.4.2　点的投影与直角坐标的关系

当把空间点 A 置于三投影面体系中时，点 A 的位置相应地可以用三投影面体系建立的直角坐标体系的三个直角坐标值 A（x、y、z）来确定，如图 2-12（a）所示。其中，x 坐标值表示点 A 到 W 面的距离，y 坐标值表示点 A 到 V 面的距离，z 坐标值表示点 A 到 H 面的距离。从图 2-12（b）可以看出，点的任何一面投影都反映了点的两个直角坐标值，点的两面投影即可反映点的三个直角坐标值，也就是确定了点的空间位置。点的直角坐标值与点的三面投影有如下关系：

① a' 位置由坐标值（x、z）确定，它分别反应了 A 点到 W、H 两个投影面的距离；

② a 位置由坐标值（x、y）确定，它分别反应了点 A 到 W、V 两个投影面的距离；

③ a'' 位置由坐标值（y、z）确定，它分别反应了点 A 到 V、H 两个投影面的距离。

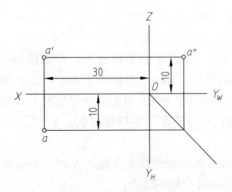

图 2-13　已知点的三个直角
坐标作点的三面投影

由此可知：①已知点的三个直角坐标值，可作出点的三面投影，反之，知道点的三面投影可以得出点的三个直角坐标值；②已知点的任意两面投影，可作出点的第三面投影。

【例 2-1】 已知点 A（30，10，10），求作点 A 的三面投影。

【解】 作图过程及结果如图 2-13 所示。

（1）在 OX 轴上取 30mm，在 OZ 轴上取 10mm，可以得到点 A 在 V 面的投影 a'。

（2）过 a' 作 OY_H 轴的平行线，在 OY_H 轴上取 10mm，并作与 OX 轴平行且距离为 10mm 的平行线，两条线的交点即为点 A 在 H 面的投影 a。

（3）根据点的投影规律，由 a'、a 可作出点 A 在 W 面的投影 a''。

【例 2-2】　如图 2-14（a）所示，已知点 A 的两个投影 a 和 a'，求作 a''。

【解】　作图过程及结果如图 2-14（b）所示。

（1）过 a' 作 OX 轴的平行线交 OZ 轴于 a_z，并延长。

（2）过 a 作 OX 轴的平行线交 $45°$ 分角线于一点，过该点作 OZ 轴的平行线与 $a'a_z$ 的延长线相交，交点即为 a''。

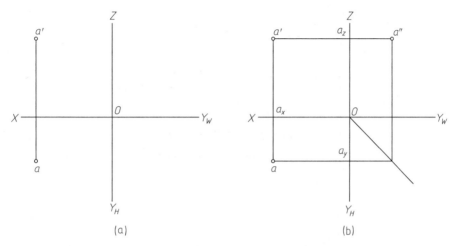

图 2-14　已知点的两面投影作第三面投影

2.4.3　空间两个点的相对位置和重影点

（1）空间两个点的相对位置

在投影面上通过点的投影判断空间两个点的相对位置，就是要分析两点之间的上、下、左、右、前、后的位置关系。这种位置关系可通过分析两点的同面投影之间的坐标值的大小来判断：x 坐标值的大小可以判断两点的左、右的位置关系，坐标值大的在左，小的在右；y 坐标值的大小可以判断两点的前、后的位置关系，坐标值大的在前，小的在后；z 坐标值的大小可以判断两点的上、下的位置关系，坐标值大的在上，小的在下。在图 2-15 中，可以看出，在 V 面和 H 面上，点 A 的 x 坐标值大于点 B 的 x 坐标值，在 H 面和 W 面上，点 A 的 y 坐标值小于点 B 的 y 坐标值，在 V 面和 W 面上，点 A 的 z 坐标值大于点 B 的 z 坐标值。因而可以判定，A 点在 B 点左方，A 点在 B 点后方，A 点在 B 点上方。

另外，也可以如图 2-15（b）所示，根据不同投影面的投影反映的位置关系直接进行判断。V 面投影反映上、下、左、右的位置关系，可判定出 A 点在 B 点上方，A 点在 B 点左方。H 面投影反映的是前、后、左、右的位置关系，可判定出 A 点在 B 点后方，A 点在 B 点左方。W 面投影反映出上、下、前、后的位置关系，可判定出 A 点在 B 点上方，A 点在 B 点后方。

（2）重影点

当空间两个点处于某一投影面的同一条投射线上时，两点在该投影面上的投影重合，这两点称为该投影面的一对重影点。如图 2-16（a）所示，A、B 两点处于 H 面的同一投射线

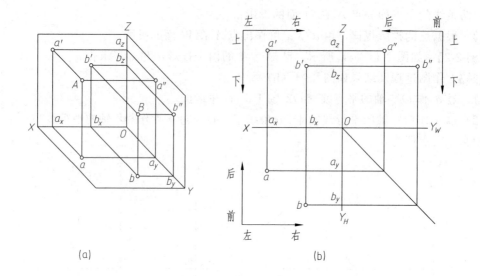

图 2-15 两点的相对位置

（a）空间两点；（b）空间两点的投影

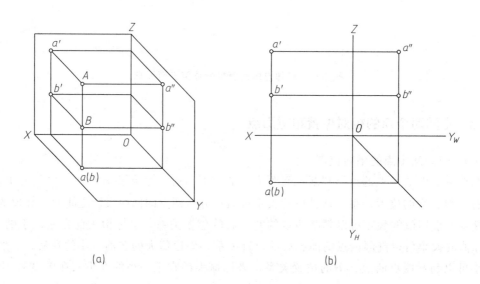

图 2-16 重影点

（a）空间两点；（b）空间两点的投影

上，它们在 H 面的投影 a 和 b 重影为一点，空间点 A、B 称为 H 面的重影点。

对于重影点，必须判定其可见性，不可见的点的投影要用圆括号括起来，如图 2-16 所示。可见性判定的原则是：前遮后，上遮下，左遮右。当在 V 面重影时，应通过 H 面或 W 面的投影判定两点的前、后的位置关系；当在 H 面重影时，应通过 V 面或 W 面的投影判定两点的上、下的位置关系；当在 W 面重影时，应通过 V 面或 H 面的投影判定两点的左、右的位置关系。如图 2-16（b）中，可通过 V 面或 W 面的投影判断出 A 点在 B 点上方，因而根据上遮下的原则，在对 H 面投射时，A 点可见，B 点不可见，B 点在 H 面的投影 b 应用圆括号括起来。

2.5 直线的投影

在三投影面体系中，作直线的投影，可先作出直线两个端点的投影，然后将各同面投影连接即可得到直线的投影，如图 2-17 所示。空间一条直线与其在 H 面、V 面、W 面的投影的夹角分别称为该直线对 H 面、V 面、W 面的倾角 α、β、γ，如图 2-17（a）所示。

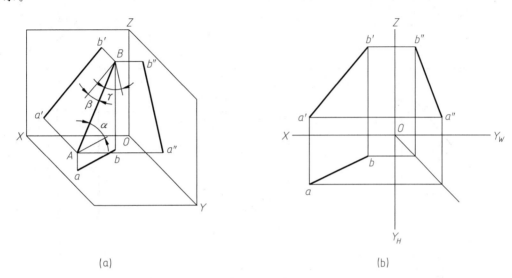

（a）　　　　　　　　　　　　（b）

图 2-17　直线的投影

（a）空间直线；（b）空间直线的投影

2.5.1 各种位置直线的投影特性

在三投影面体系中，根据其对三个投影面的相对位置的不同，直线可分为一般位置直线、投影面平行线和投影面垂直线。投影面平行线和投影面垂直线属于特殊位置直线。

（1）一般位置直线的投影

与三个基本投影面均成倾斜位置的直线称为一般位置直线，如图 2-17（a）所示。一般位置直线在三个投影面上的投影都不反映实长，投影与投影轴之间的夹角也不反映直线与投影面之间的倾角，如图 2-17（b）所示。

（2）投影面平行线的投影

与一个基本投影面平行，与另外两个基本投影面成倾斜位置的直线称为投影面平行线。与 V 面平行，与 H 面和 W 面成倾斜位置的直线称为正平线；与 H 面平行，与 V 面和 W 面成倾斜位置的直线称为水平线；与 W 面平行，与 V 面和 H 面成倾斜位置的直线称为侧平线。投影面平行线的空间位置、投影及投影特性见表 2-1。

（3）投影面垂直线的投影

与一个基本投影面垂直（同时与另外两个基本投影面平行）的直线称为投影面垂直线。与 V 面垂直的直线称为正垂线；与 H 面垂直的直线称为铅垂线；与 W 面垂直的直线称为侧垂线。投影面垂直线的空间位置、投影及投影特性见表 2-2。

表 2-1　投影面平行线的空间位置、投影及投影特性

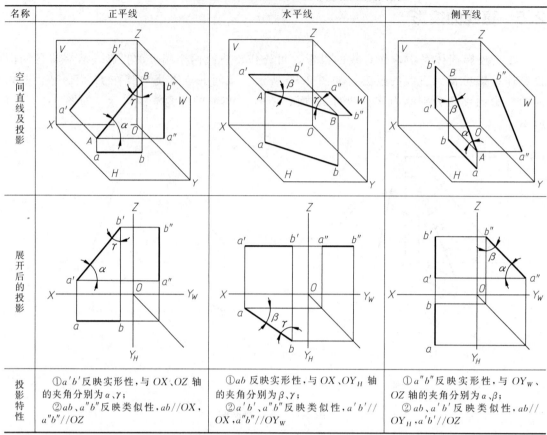

名称	正平线	水平线	侧平线
空间直线及投影			
展开后的投影			
投影特性	①$a'b'$ 反映实形性，与 OX、OZ 轴的夹角分别为 α、γ； ②ab、$a''b''$ 反映类似性，$ab//OX$，$a''b''//OZ$	①ab 反映实形性，与 OX、OY_H 轴的夹角分别为 β、γ； ②$a'b'$、$a''b''$ 反映类似性，$a'b'//OX$，$a''b''//OY_W$	①$a''b''$ 反映实形性，与 OY_W、OZ 轴的夹角分别为 α、β； ②ab、$a'b'$ 反映类似性，$ab//OY_H$，$a'b'//OZ$

表 2-2　投影面垂直线的空间位置、投影及投影特性

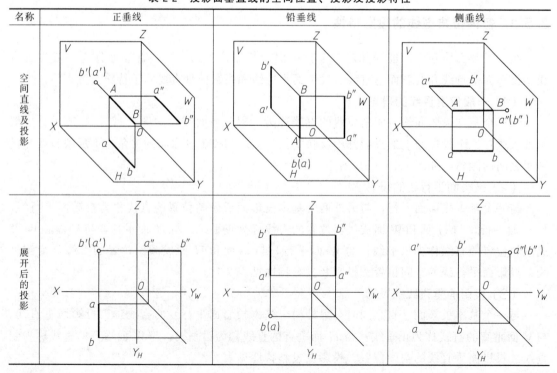

名称	正垂线	铅垂线	侧垂线
空间直线及投影			
展开后的投影			

续表

名称	正垂线	铅垂线	侧垂线
投影特性	①$a'b'$ 积聚为一点； ②ab、$a''b''$ 反映实形性，$ab\perp OX$，$a''b''\perp OZ$	①ab 积聚为一点； ②$a'b'$、$a''b''$ 反映实形性，$a'b'\perp OX$，$a''b''\perp OY_W$	①$a''b''$积聚为一点； ②ab、$a'b'$ 反映实形性，$ab\perp OY_H$，$a'b'\perp OZ$

2.5.2　直线上点的投影

直线上的点的投影具有如下特性：

① 从属性。若点在直线上，则点的投影必在该直线的同面投影上。如图 2-18 所示，点 C 在直线 AB 上，因而其三面投影 c、c'、c'' 必然分别在直线的同面投影 ab、$a'b'$、$a''b''$上。

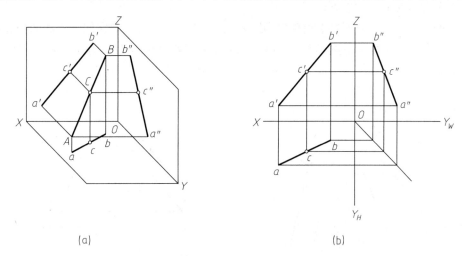

(a)　　　　　　　　　　　　　　(b)

图 2-18　直线上点的投影

（a）空间直线和点；（b）空间直线和点的投影

② 定比性。点分直线所得的长度之比，等于该点的投影分该直线的同面投影的长度之比。如图 2-18 所示，$AC/CB=a'c'/c'b'=ac/cb=a''c''/c''b''$。

【例 2-3】　如图 2-19（a）所示，已知点 C 将直线 AB 分为 $2:3$ 的两段，求作点 C 的 V 面和 H 面投影。

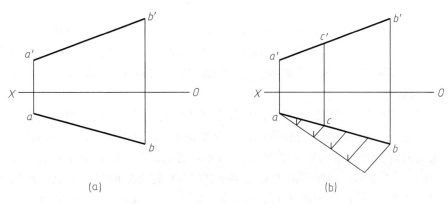

(a)　　　　　　　　　　　　　　(b)

图 2-19　作分 AB 成 $2:3$ 的点 C 的投影

【解】 根据直线上的点的投影的从属性和定比性，点 C 在 V 面和 H 面的投影 c'、c 必然分别落在 $a'b'$、ab 上，且 $a'c'/c'b' = ac/cb = 2/3$。

作图过程及结果如图 2-19（b）所示。

① 在 H 面上作图五等分 ab，找到分 ab 为 $2:3$ 的等分点 c，c 即为空间点 C 在 H 面上的投影。

② 根据点 C 对 AB 的从属性及点的投影规律，过 c 作 OX 轴的垂线交 $a'b'$ 于 c'，c' 即为点 C 在 V 面的投影。

2.5.3　两直线的相对位置

空间两直线有三种相对位置：两直线平行、两直线相交、两直线交叉。

（1）两直线平行

空间两直线若平行，则它们的任意同面投影必然平行。反之，若空间两直线的任意同面投影都平行，则空间两直线必然平行。如图 2-20 所示，若 $AB//CD$，则 $ab//cd$、$a'b'//c'd'$、$a''b''//c''d''$。反之，若 $ab//cd$、$a'b'//c'd'$、$a''b''//c''d''$，则 $AB//CD$。

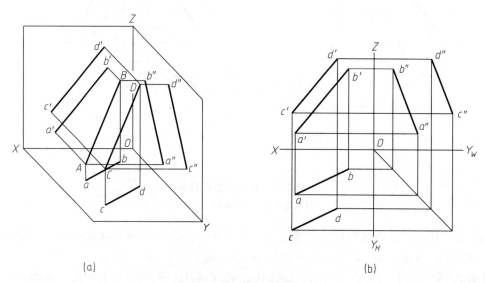

图 2-20　两平行直线的投影
(a) 空间两平行直线；(b) 空间两平行直线的投影

【例 2-4】 如图 2-21（a）所示，$ab//cd$、$a'b'//c'd'$，请判定直线 AB、CD 是否平行。

【解】 如图 2-21（b）所示，按照直线投影的作图方法，作 AB、CD 在 W 面的投影 $a''b''$、$c''d''$，可见 $a''b''$、$c''d''$ 相交。根据空间两直线平行的判据，可知直线 AB、CD 不平行。

（2）两直线相交

空间两直线若相交，则它们的任意同面投影必然相交，且投影的交点符合空间同一个点的投影规律。反之，若空间两直线任意同面投影都相交，且投影交点符合空间同一个点的投影规律，则空间两直线必然相交。如图 2-22 所示，若 AB 与 CD 相交于点 K，则 ab 交 cd 于 k，$a'b'$ 交 $c'd'$ 于 k'，$a''b''$ 交 $c''d''$ 于 k''，且 k、k'、k'' 符合空间同一个点的投影规律。反之，若 ab 交 cd 于 k，$a'b'$ 交 $c'd'$ 于 k'，$a''b''$ 交 $c''d''$ 于 k''，且 k、k'、k'' 符合空间同一个点的投影规律，则 AB 与 CD 相交于点 K。

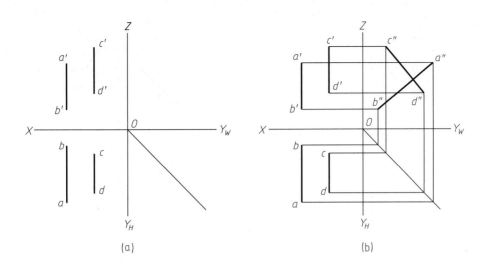

(a)　　　　　　　　　　　　　(b)

图 2-21　判定两直线是否平行

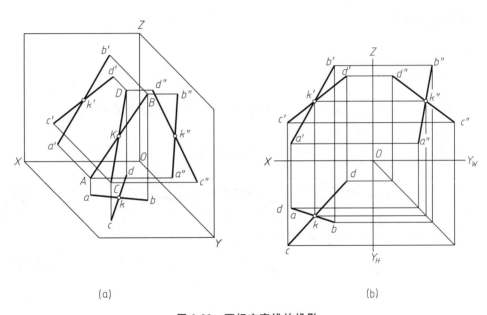

(a)　　　　　　　　　　　　　(b)

图 2-22　两相交直线的投影

（a）空间两相交直线；（b）空间两相交直线的投影

【**例 2-5**】　如图 2-23（a）所示，*ab* 与 *cd* 相交，*a'b'* 与 *c'd'* 相交，请判定直线 *AB*、*CD* 是否相交。

【**解**】　如图 2-23（b）所示，按照直线投影的作图方法，作 *AB*、*CD* 在 *W* 面的投影 *a"b"*、*c"d"*。可见，虽然 *a"b"*、*c"d"* 也相交于一点，但 *AB*、*CD* 三面投影的交点不符合空间同一个点的投影规律。根据空间两直线相交的判据，可知直线 *AB*、*CD* 不相交。

（3）两直线交叉

空间两直线若既不平行，也不相交，则它们必然交叉。如图 2-23 所示，*AB*、*CD* 既不相交，也不平行，所以 *AB*、*CD* 两直线交叉。

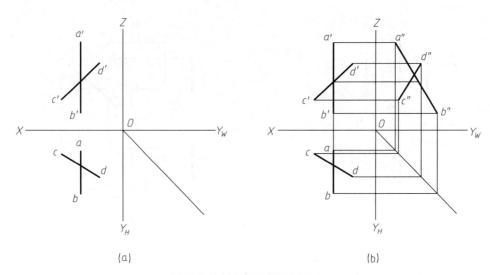

(a)　　　　　　　　　　　　　　　(b)

图 2-23　判定两直线是否相交

2.6　平面的投影

2.6.1　平面的表示法

技术制图中，平面有两种表示方法：几何元素表示法、迹线表示法。

（1）平面的几何元素表示法

在投影图上，可以用一组几何元素的投影表示平面，如图 2-24 所示。

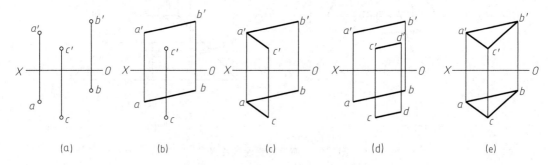

(a)　　　　　　(b)　　　　　　(c)　　　　　　(d)　　　　　　(e)

图 2-24　平面的几何元素表示法

（a）不共线的三点；（b）直线与直线外一点；（c）两相交直线；（d）两平行直线；（e）平面图形

（2）平面的迹线表示法

空间一个平面与基本投影面的交线，称为该平面的迹线。在三投影面体系中，平面在 V、H、W 三个投影面上的迹线分别表示为 P_V、P_H、P_W，如图 2-25 所示。

2.6.2　各种位置平面的投影特性

在三投影面体系中，根据其对三个基本投影面的相对位置的不同，平面可分为一般位置平面、投影面平行面和投影面垂直面。投影面平行面和投影面垂直面属于特殊位置平面。

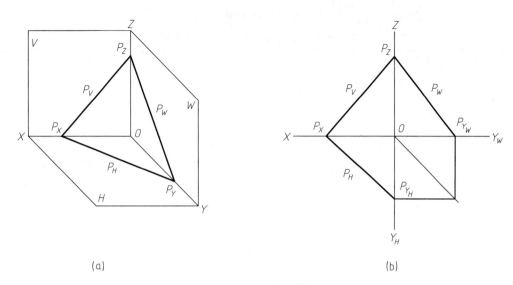

图 2-25 平面的迹线表示法

（a）空间平面的迹线；（b）平面的迹线的展开图

空间一个平面与 H 面、V 面、W 面的两面角，分别称为该平面对 H 面、V 面、W 面的倾角 α、β、γ。

（1）一般位置平面的投影

与三个基本投影面均成倾斜位置的平面称为一般位置平面。一般位置平面在三个基本投影面上的投影都不反映实形，也无积聚性，而是类似形，如图 2-26 所示。

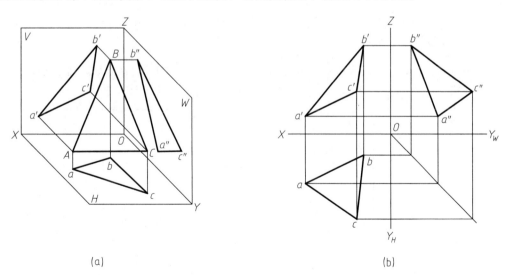

图 2-26 一般位置平面及其投影

（a）空间一般位置平面；（b）空间一般位置平面的投影

（2）投影面平行面的投影

与一个基本投影面平行（同时与另外两个基本投影面垂直）的平面称为投影面平行面。与 V 面平行的平面称为正平面；与 H 面平行的平面称为水平面；与 W 面平行的平面称为侧平面。

投影面平行面的空间位置、投影、投影特性和迹线见表 2-3。

表 2-3　投影面平行面的空间位置、投影、投影特性和迹线

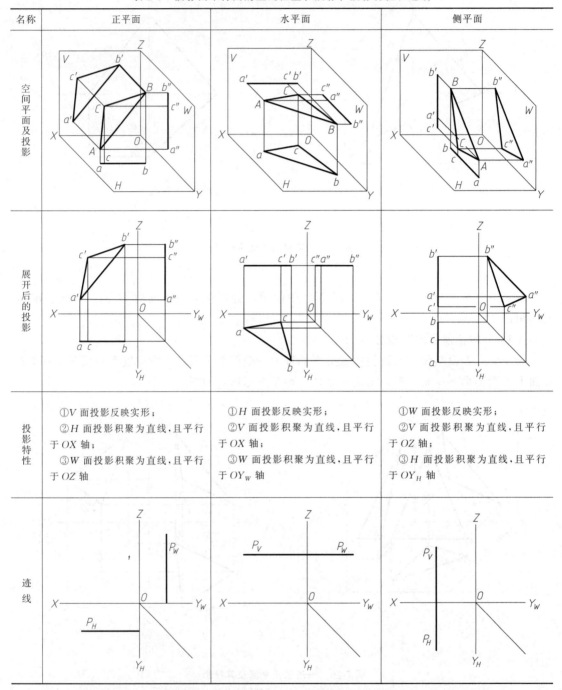

名称	正平面	水平面	侧平面
空间平面及投影			
展开后的投影			
投影特性	①V 面投影反映实形； ②H 面投影积聚为直线，且平行于 OX 轴； ③W 面投影积聚为直线，且平行于 OZ 轴	①H 面投影反映实形； ②V 面投影积聚为直线，且平行于 OX 轴； ③W 面投影积聚为直线，且平行于 OY_W 轴	①W 面投影反映实形； ②V 面投影积聚为直线，且平行于 OZ 轴； ③H 面投影积聚为直线，且平行于 OY_H 轴
迹线			

（3）投影面垂直面的投影

与一个基本投影面垂直，与另两个基本投影面成倾斜位置的平面称为投影面垂直面。与 V 面垂直，与 H 面和 W 面成倾斜位置的平面称为正垂面；与 H 面垂直，与 V 面和 W 面成倾斜位置的平面称为铅垂面；与 W 面垂直，与 V 面和 H 面成倾斜位置的平面称为侧垂面。

投影面垂直面的空间位置、投影、投影特性和迹线见表 2-4。

表 2-4 投影面垂直面的空间位置、投影、投影特性和迹线

名称	正垂面	铅垂面	侧垂面
空间平面及投影	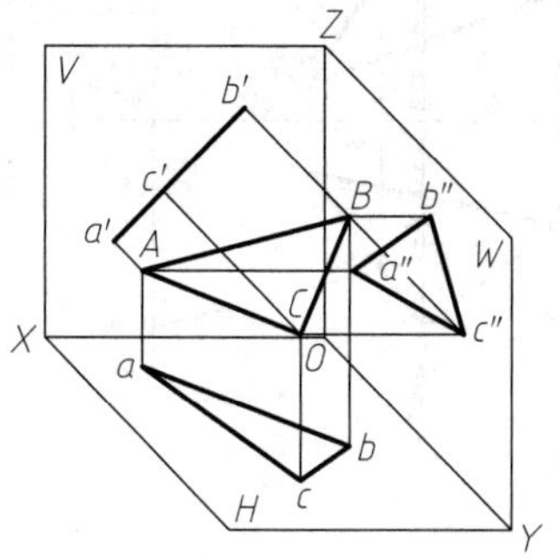	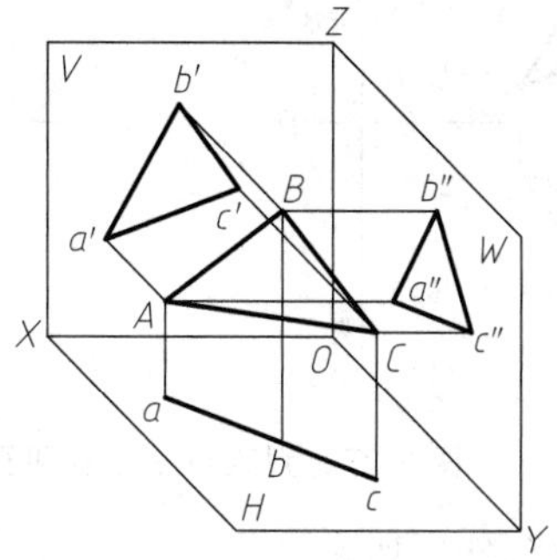	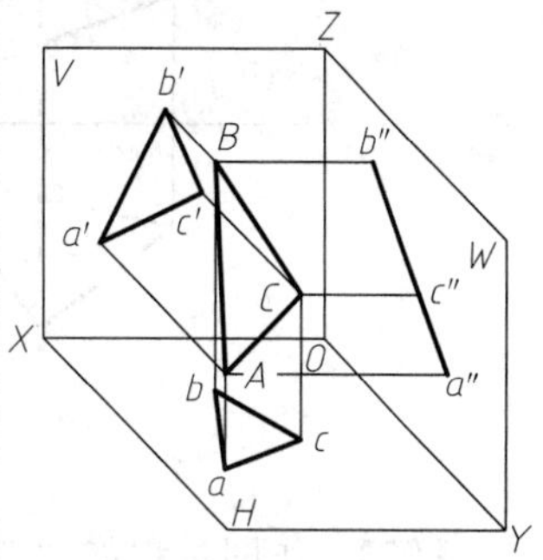
展开后的投影	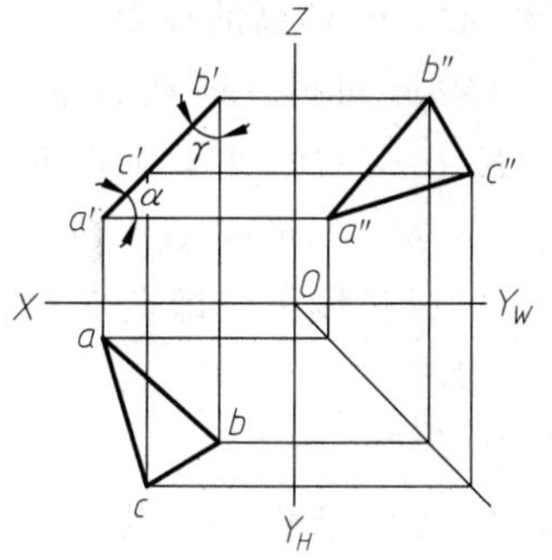	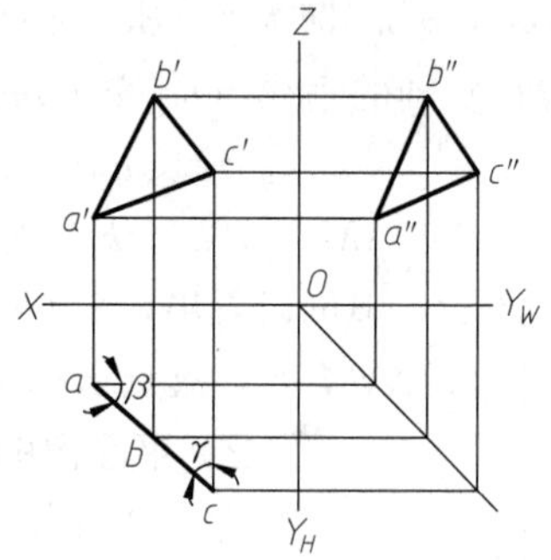	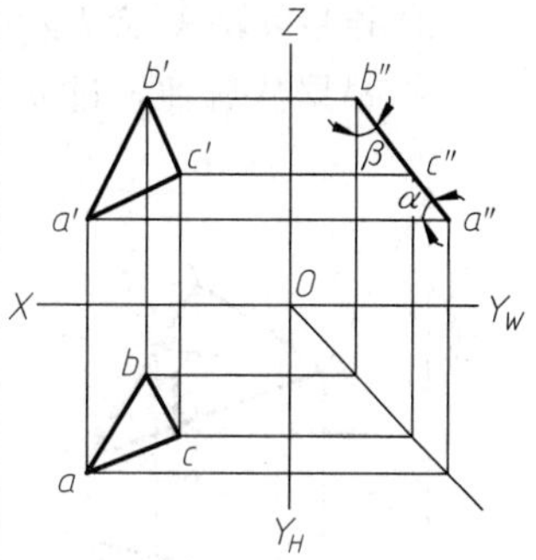
投影特性	①V 面投影积聚为直线，其与 OX 轴、OZ 轴的夹角分别为 α、γ； ②H 面、W 面的投影反映类似性	①H 面投影积聚为直线，其与 OX 轴、OY_H 轴的夹角分别为 β、γ； ②V 面、W 面的投影反映类似性	①W 面投影积聚为直线，其与 OY_W 轴、OZ 轴的夹角分别为 α、β； ②V 面、H 面的投影反映类似性
迹线	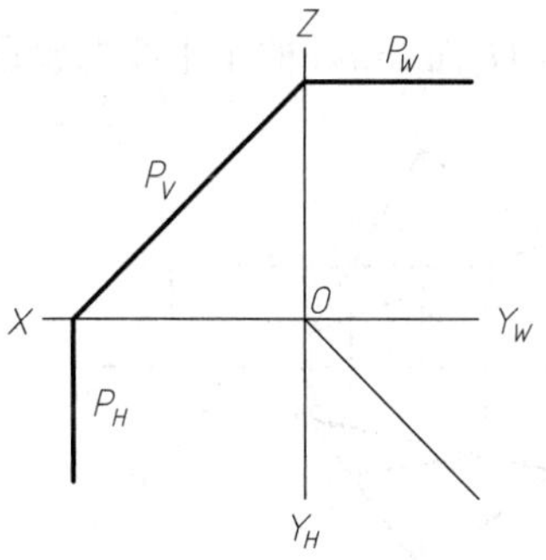	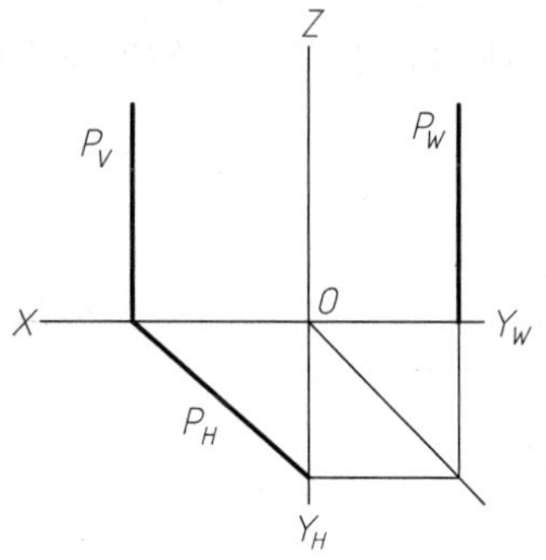	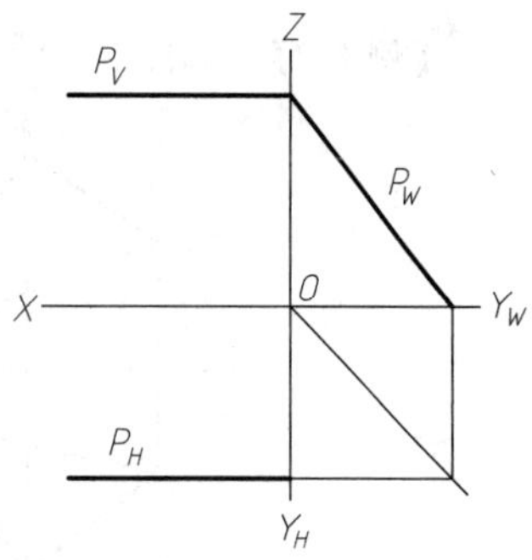

2.6.3 平面内的点和直线

（1）平面内的点

判定点在平面内的几何条件是，若点在平面内，则该点必在平面内的某一直线上。作平面内的点的投影时，应先在平面内过该点作一条辅助直线，作出该辅助直线的投影，然后利用该点对辅助直线的从属性求得点的投影。

【例 2-6】 如图 2-27（a）所示，已知△ABC 和点 K 的两面投影，请判定点 K 是否在△ABC 内。

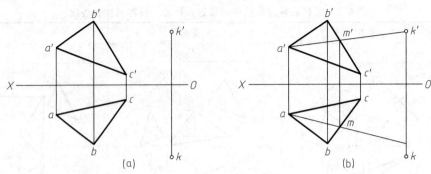

图 2-27　判定点是否在平面内

【解】 作图过程如图 2-27（b）所示。

① 连接 a'、k' 交 $b'c'$ 于 m'，$a'm'$ 即为△ABC 内的直线 AM 在 V 面的投影。

② 根据从属性，过 m' 作 OX 轴的垂线与 bc 交于 m，连接 am 可得 AM 在 H 面的投影。

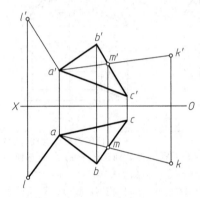

图 2-28　判定直线是否在平面内

③ 延长 am，若点 K 在△ABC 上，则点 K 必然在 AM 上，k'、k 应分别在 $a'm'$、am 的延长线上。从图中可以看出，k 不在 am 的延长线上，即点 K 不在直线 AM 上，故点 K 不在△ABC 内。

（2）平面内的直线

判定直线在平面内的几何条件是，若直线在平面内，则该直线必通过平面内的两点，或者通过平面内的一点且与平面内的某一已知直线平行。如图 2-28 所示，直线 AK 过平面内的 A、M 两点，直线 AL 过平面内的点 A，且与平面内的直线 BC 平行，因而 AK、AL 均在平面内。

【例 2-7】 如图 2-29（a）所示，求作在△ABC 内距离 H 面 8mm 的水平线的投影。

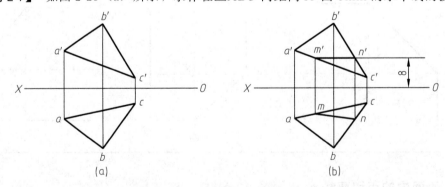

图 2-29　作平面内的水平线的投影

【解】 水平线在 H 面的投影反映实形，在 V 面的投影是类似形且平行于 OX 轴，V 面投影与 OX 轴的距离为水平线距离 H 面的距离。作图过程及结果如图 2-29（b）所示。

① 在 V 面上作与 OX 轴平行且距离为 8mm 的直线分别交 $a'c'$、$b'c'$ 于 m'、n'，连接 m'、n'，$m'n'$ 即为所求水平线在 V 面的投影。

② 根据从属性，作出 m'、n' 在 H 面对应的投影 m、n，连接 m、n，mn 即为所求水平线在 H 面的投影。

第**3**章　立体及立体表面交线的投影

根据立体表面的几何性质，立体可以分为平面立体和曲面立体。表面全部由平面围成的立体称为平面立体，常见的平面立体有棱柱和棱锥。表面由曲面或曲面与平面围成的立体称为曲面立体，常见的曲面立体有圆柱、圆锥和圆球。

3.1　平面立体的投影

绘制平面立体的投影，就是把组成平面立体的面的投影作出来，然后判别其可见性，把可见轮廓线画成粗实线，不可见轮廓线画成细虚线。

3.1.1　棱柱

（1）棱柱的投影

以图 3-1（a）所示正六棱柱为例，正六棱柱由六个相同的矩形棱面和两个正六边形的平面（上、下底面）所围成。将正六棱柱按图示位置放置在三投影面体系中，其上、下底面为水平面，在 H 面上的投影反映实形，在 V 面、W 面上的投影积聚为直线。六个矩形棱面

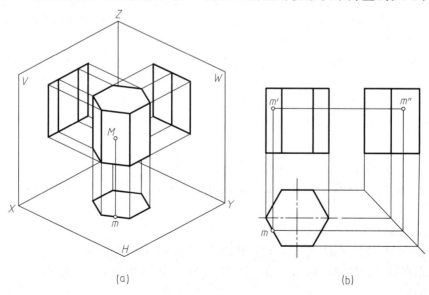

(a)　　　　　　　　　　　　(b)

图 3-1　正六棱柱及其表面上点的投影

中，前后两个面是正平面，在 V 面上的投影反映实形，在 H 面、W 面上的投影积聚为直线。其余四个棱面均为铅垂面，在 V 面、W 面上的投影是类似形，在 H 面上的投影积聚为直线。

正六棱柱展开后的三面投影（三视图）如图 3-1（b）所示。

（2）棱柱表面上的点的投影

棱柱表面上的点的投影的作图方法与平面内点的投影的作图方法相同。首先要确定点所在的平面，并分析该平面的投影特性，然后根据点对平面的从属性作点的投影，并判定点的可见性。

【例 3-1】 如图 3-1（b）所示，已知正六棱柱表面上点 M 的 V 面投影 m'，求作其他两面投影。

【解】 根据 m' 的位置和可见性，可知点 M 在正六棱柱左前方侧棱面上，该侧棱面为铅垂面，其在 H 面上的投影积聚为一直线。因而根据从属性，点 M 在 H 面上的投影 m 必然在该直线上，由此可作出 m。然后根据点的投影规律，由 m'、m 作出 m''。

3.1.2　棱锥

（1）棱锥的投影

以图 3-2（a）所示三棱锥为例，三棱锥锥顶为 S，三个棱面均为等腰三角形，底面为等边三角形。将其按图示位置放置在三投影面体系中，棱面 $\triangle SAB$、$\triangle SBC$ 是一般位置平面，它们的各个投影均为类似形。棱面 $\triangle SAC$ 为侧垂面，其在 W 面上的投影积聚为直线，在 V 面、H 面上的投影为类似形。底面 $\triangle ABC$ 是水平面，其在 H 面上的投影反映实形，在 V 面、W 面上的投影积聚为直线。

正三棱锥展开后的三面投影（三视图）如图 3-2（b）所示。

（2）棱锥表面上的点的投影

组成棱锥的表面可能是特殊位置平面，也可能是一般位置平面。作棱锥表面上的点的投影时，对于特殊位置平面上的点，可利用平面投影的积聚性以及点对平面的从属性直接作出。对于一般位置平面上的点，则需过点在平面内作辅助线，先作出辅助线的投影，再根据点对所作辅助线的从属性作出点的投影，并判定点的可见性。

【例 3-2】 如图 3-2（b）所示，已知三棱锥表面上点 M 的 V 面投影 m'，求作其他两面投影。

【解】 根据 m' 的位置和可见性，可知点 M 在一般位置平面 $\triangle SAB$ 上，因而需作辅助线来求其投影。下面是常用的两种作图方法。

（1）方法一

如图 3-2（c）所示：

① 在 V 面过 s'、m' 作直线并延长与 $a'b'$ 相交于 d'，$s'd'$ 即为在 $\triangle SAB$ 内过锥顶 S 和点 M 的辅助线 SD 在 V 面的投影。

② 作出直线 SD 在 H 面的投影 sd。

③ 根据点 M 对直线 SD 的从属性，作出点 M 在 H 面的投影 m。

④ 根据点的投影规律，由 m'、m 可作出点 M 在 W 面的投影 m''。

（2）方法二

如图 3-2（d）所示：

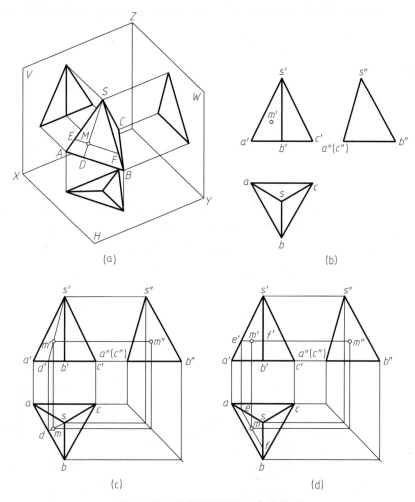

图 3-2 三棱锥及其表面上点的投影

① 在 V 面过 m' 作平行于 $a'b'$ 并分别交 $s'a'$、$s'b'$ 于 e'、f' 的直线 $e'f'$，$e'f'$ 即为在 $\triangle SAB$ 内过点 M 并平行于底边 AB 的辅助线 EF 在 V 面的投影。

② 根据空间两平行直线的投影特性，作出直线 EF 在 H 面的投影 ef。

③ 根据点 M 对直线 EF 的从属性，作出点 M 在 H 面的投影 m。

④ 根据点的投影规律，由 m'、m 可作出点 M 在 W 面的投影 m''。

3.2 曲面立体的投影

由一动线（直线或曲线）绕一固定直线旋转一周而形成的曲面，称为回转面。固定直线称为轴线，动线称为母线，回转面上任一位置的母线称为素线。母线上任一点绕轴线一周的运动轨迹皆为垂直于轴线的圆，这些圆称为纬圆，纬圆的半径是该点到轴线的垂直距离。对于某基本投影面，回转面可见部分与不可见部分的分界线称为转向轮廓线。转向轮廓线是回转面的最外围轮廓线，通常由最左、最右、最前、最后、最上、最下等特殊位置的素线组成。转向轮廓线的投影是切于回转面的投射线与投影面的交点的集合，对回转面进行投射时，不必将其所有素线画出，只需画出其转向轮廓线的投影即可。

由回转面或回转面与平面所围成的立体称为回转体，如圆柱、圆锥和圆球等曲面立体都是回转体。

3.2.1 圆柱

（1）圆柱的投影

圆柱由圆柱面和上下两底面所组成。如图 3-3（a）所示，圆柱面可以看作是由直线 AB 绕与它平行的固定直线 OO' 旋转而形成的回转面。

如图 3-3（b）所示，将圆柱置于三投影面体系中，圆柱轴线垂直于 H 面，顶面和底面为水平面。顶面和底面在 H 面上的投影为反映实形的圆（圆周围成的面），在 V 面、W 面上的投影积聚为直线。圆柱面上的所有素线都是铅垂线，因而圆柱面在 H 面上的投影积聚为圆周，圆柱面上任何点和线在 H 面上的投影均积聚到该圆周上。圆柱面的 V 面投影和 W 面投影是两个全等的矩形线框，它们是圆柱面转向轮廓线的投影，V 面的投影是最左、最右两条素线的投影，W 面的投影是最前、最后两条素线的投影。

圆柱展开后的三面投影（三视图）如图 3-3（c）所示。

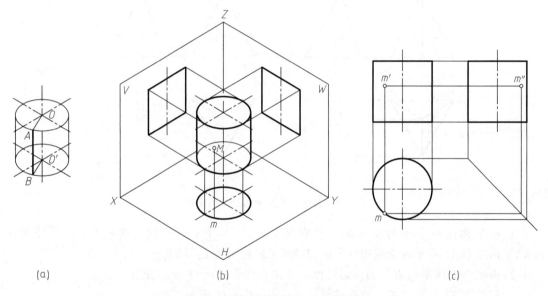

(a)　　　　　　　　　　(b)　　　　　　　　　　(c)

图 3-3　圆柱及其表面上的点的投影

（2）圆柱表面上的点的投影

作圆柱表面上的点的投影时，若点在转向轮廓线上，可根据点对直线的从属性直接作出其投影。若点不在转向轮廓线上，可根据圆柱底面、顶面以及圆柱面投影的积聚性，找到面的投影，然后利用点对面的从属性先作出点在这些面积聚的轮廓线上的投影，最后再根据点的投影规律作出其余投影，并判定点的可见性。

【例 3-3】 如图 3-3（c）所示，已知圆柱面上一点 M 的 V 面投影 m'，求作其余两面投影。

【解】 根据 m' 的位置和可见性，可知点 M 在圆柱前半部的左半部的圆柱面上。由于圆柱面在 H 面的投影积聚为一个圆周，因而点 M 在 H 面的投影 m 必然在该圆周上，由此可作出 m。然后根据点的投影规律，由 m'、m 即可作出 m''。

3.2.2　圆锥

（1）圆锥的投影

圆锥由圆锥面和底面组成。如图 3-4（a）所示，圆锥面可以看作是母线 SA 绕与其相交的轴线 OO' 旋转一周而形成，圆锥面上过锥顶的任一直线都是圆锥面的素线。

如图 3-4（b）所示，将圆锥置于三投影面体系中，圆锥轴线为铅垂线，底面为水平面。圆锥底面在 H 面的投影为反映实形的圆，在 V 面和 W 面的投影均积聚为直线。因圆锥面的素线相对于底面的位置均是倾斜的，因而圆锥面在 H 面的投影为与底面的投影重合的圆。圆锥面在 V 面和 W 面的投影是两个全等的等腰三角形，两腰为圆锥面转向轮廓线，V 面的投影是最左、最右两条素线的投影，W 面的投影是最前、最后两条素线的投影。

圆锥展开后的三面投影（三视图）如图 3-4（c）所示。

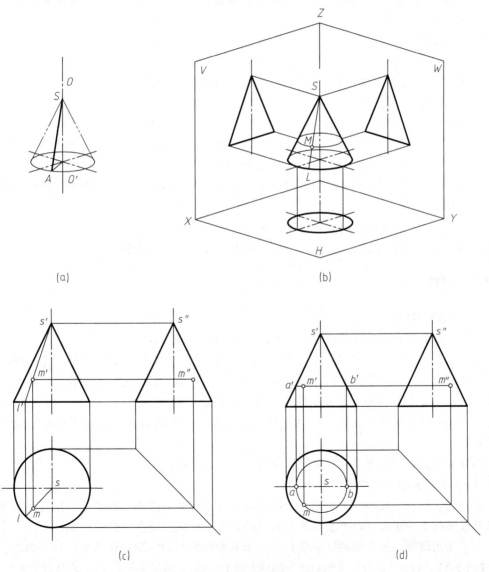

(a)　　(b)

(c)　　(d)

图 3-4　圆锥及其表面上的点的投影

（2）圆锥表面上的点的投影

作圆锥表面上的点的投影时，若点在转向轮廓线上或底面上，则可根据点对直线和面的从属性直接作出其投影。若点在圆锥面上，则必须在圆锥面上过点作辅助线，先作出辅助线的投影，再根据点对辅助线的从属性作出点的投影，并判定点的可见性。通常作辅助线的方法有两种，即辅助素线法和辅助纬圆法。

【例 3-4】 如图 3-4（c）、（d）所示，已知圆锥面上一点 M 的 V 面投影 m'，求作其余两面投影。

【解】 根据 m' 的位置和可见性，可知点 M 在圆锥前半部的左半部圆锥面上，具体作图方法如下。

（1）辅助素线法

如图 3-4（c）所示：

① 在 V 面上连接 s' 和 m' 并延长与圆锥底面轮廓线相交于 l'，$s'l'$ 即为圆锥面上过点 M 的素线 SL 在 V 面的投影。

② 作出素线 SL 在 H 面上的投影 sl。

③ 根据点 M 对素线 SL 的从属性，作出点 M 在 H 面上的投影 m。

④ 根据点的投影规律，由 m'、m 可作出点 M 在 W 面的投影 m''。

（2）辅助纬圆法

如图 3-4（d）所示：

① 在 V 面上过 m' 作平行于底面轮廓线并与圆锥的两条转向轮廓线的投影分别交于 a'、b' 的直线 $a'b'$，$a'b'$ 即为圆锥面上过点 M 的纬圆在 V 面的投影。

② 作出 a'、b' 在 H 面上对应的投影 a、b，以 s 为圆心，ab 长为直径作出辅助纬圆在 H 面的投影。

③ 根据点 M 对辅助纬圆的从属性，作出点 M 在 H 面的投影 m。

④ 根据点的投影规律，由 m'、m 可作出点 M 在 W 面的投影 m''。

3.2.3 圆球

（1）圆球的投影

圆球可以看作是由一母线圆绕轴线 OO' 旋转而成，如图 3-5（a）所示。

如图 3-5（b）所示，将圆球置于三投影面体系中，圆球的三面投影为全等的圆，其直径等于圆球直径。三个全等的圆分别是圆球对三个投影面的转向轮廓线的投影。V 面上的投影是前、后半球面的可见与不可见的分界纬圆的投影，H 面上的投影是上、下半球面的可见与不可见的分界纬圆的投影，W 面上的投影是左、右半球面的可见与不可见的分界纬圆的投影。

圆球展开后的三面投影（三视图）如图 3-5（c）所示。

（2）圆球表面上的点的投影

由于圆球的三面投影均无积聚性，所以作圆球表面上的点的投影时，除在转向轮廓线上的点其投影可直接作出外，其余位置上的点的投影，均需用辅助纬圆法作图。不过要注意的是，为了作图简便，所作辅助纬圆应是平行于基本投影面的纬圆，如图 3-5（b）所示。

【例 3-5】 如图 3-5（c）所示，已知圆球表面上一点 M 的 V 面投影 m'，求作其余两面投影。

【解】 根据 m' 的位置和可见性，可知点 M 位于前半球的左半部的上半部。作图过程如

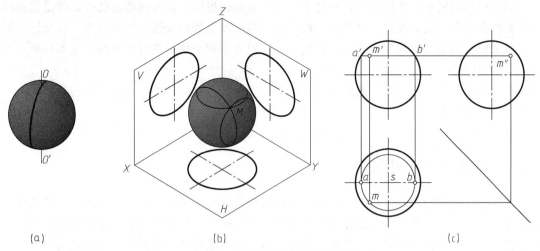

(a)　　　　　　　　　　(b)　　　　　　　　　　(c)

图 3-5　圆球及其表面上点的投影

图 3-5（c）所示。

① 在 V 面上过 m' 作平行于横向对称中心线并与圆球转向轮廓线交于 a'、b' 的直线 $a'b'$，$a'b'$ 即为圆球面上过点 M 的水平纬圆在 V 面的投影。

② 作出 a'、b' 在 H 面上对应的投影 a、b，以 s 为圆心，ab 长为直径作出辅助纬圆在 H 面的投影。

③ 根据点 M 对辅助纬圆的从属性，作出点 M 在 H 面的投影 m。

④ 根据点的投影规律，由 m'、m 可作出点 M 在 W 面的投影 m''。

对于这个问题，读者还可以尝试用图 3-5（b）所示的正平纬圆法和侧平纬圆法进行作图，以求得点 M 的 H 面和 W 面投影。

3.3　平面与立体的交线

基本形体经平面切割后形成的新形体，称为截切体（切割体）。切割基本形体的平面称为截平面，截平面与基本形体表面的交线称为截交线，由截交线围成的平面图形称为截断面。截断面是新形成的截切体的一个表面，如图 3-6 所示。

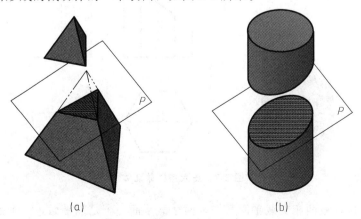

(a)　　　　　　　　　　(b)

图 3-6　截切体

画截切体的视图，其核心问题就是要画出截断面的投影，而画截断面的投影就是要画出围成截断面的截交线的投影，要画截交线的投影就必须掌握截交线的基本性质。截交线的形状与被截切立体表面形状及截平面的位置有关，但任何截交线都具有下列两个基本性质。

（1）共有性

截交线是截平面与立体表面的共有线，截交线上的点是截平面与立体表面的共有点。

（2）封闭性

截交线所围成的图形一定是封闭的平面图形。

3.3.1　平面与平面立体相交

平面立体被截切后所得到的截断面，是由直线段组成的平面图形，平面图形的各边即为截交线，而截交线的各端点是立体各棱线与截平面的交点。作平面与平面立体相交时的截交线的投影，就是要作出截交线各端点的投影，然后依次连接同面投影并判定可见性即可。作图的一般步骤是：

① 分析截切之前平面立体的结构。

② 分析截平面的投影特性及其与平面立体的相对位置，从而了解截断面及截交线的形状以及投影特性。

③ 根据投影特性，找到截交线的已知投影，在已知投影上取点。所取点为截交线的各端点在该基本投影面上的投影。

④ 按照平面立体表面上的点的投影的作图方法，作出所取的点在其他投影面上对应的投影，并判断点的可见性。

⑤ 判断截交线的可见性，把所取点的同面投影按顺序连接，可见部分的投影以粗实线画出，不可见部分的投影以细虚线画出。

⑥ 擦去多余的图线，补充完整其余轮廓线，加粗描深，完成作图。

【例 3-6】　如图 3-7 所示，已知正六棱柱被截切后的 V 面投影，请补充完成其 H 面、W 面投影。

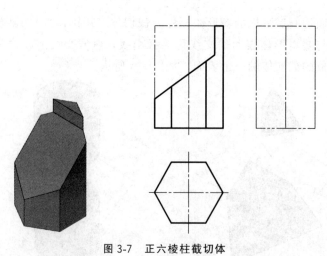

图 3-7　正六棱柱截切体

【解】　正六棱柱被两相交截平面截切，两个截平面一个是侧平面，一个是正垂面。侧平面截切后的截断面为矩形侧平面，其 V 面投影和 H 面投影均积聚成直线，W 面投影为反映实形的矩形框。正垂面截切后的截断面为七边形正垂面，其 V 面投影积聚成直线，H 面投影与正六棱柱侧棱面投影的正六边形重合，W 面投影为类似形。两截断面的交线为正垂线。作图过程如图 3-8（a）所示。

①　根据截断面的投影特性，在 V 面上找到截断面的已知投影，并取点 1'、2'、3'、4'、5'、6'、7'、8'、9'。所取点为围成截断面的截交线的各端点在 V 面的投影。可以看出，截交线的各端点均在棱面上。

②　根据棱柱表面上的点的投影的作图方法，作出所取点在 H 面和 W 面上对应的投影 1、2、3、4、5、6、7、8、9，及 1"、2"、3"、4"、5"、6"、7"、8"、9"，并判定点的可见性。

③　判别可见性，截交线在 H 面和 W 面均可见。

④　用粗实线分别连接 4、7 和 4"、7"，即得两截断面交线在 H 面和 W 面的投影。

⑤　在 W 面上用粗实线顺序连接 1"、2"、3"、4"、5"、6"、7"、8"、9"、1"。

⑥　最右侧棱线的 W 面投影不可见，将其未重影部分用细虚线画出。擦去多余的线条，补充完整并加深其余轮廓线，完成作图。

作图结果如图 3-8（b）所示。

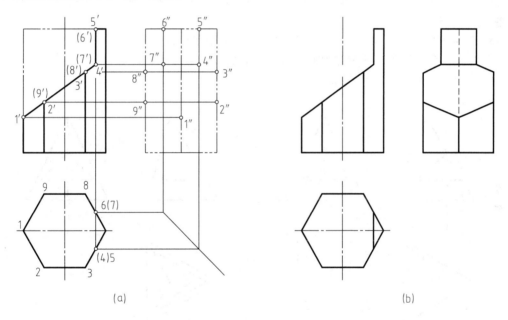

图 3-8　正六棱柱截切体投影作图

【例 3-7】　如图 3-9 所示，求作带切口三棱锥的 H 面和 W 面投影。

【解】　该三棱锥的切口由两个相交的截平面切割而形成，两个截平面一个是水平面，一个是正垂面。水平面截切后的截断面是水平面，其 V 面、W 面投影积聚为直线，H 面投影是反映实形的三角形。正垂面截切后的截断面是正垂面，其 V 面投影积聚为直线，H 面、W 面投影为类似形。两截断面的交线为正垂线。作图过程如图 3-10（a）所示。

①　根据截断面的投影特性，在 V 面上找到截断面的已知投影，并取点 1'、2'、3'、4'，所取点为截交线的各端点在 V 面的投影。

②　根据棱锥表面上点的投影的作图方法，作出所取点在 H 面和 W 面上对应的投影 1、2、3、4，及 1"、2"、3"、4"，并判定点的可见性。

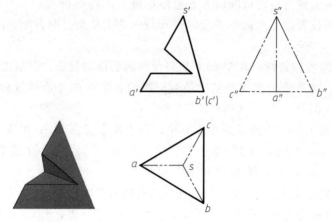

图 3-9　三棱锥截切体

③ 判别可见性，两截断面交线在 H 面不可见，其余截交线均可见。

④ 用细虚线连接 2、3，用粗实线连接 $2''$、$3''$，即得两截断面交线在 H 面和 W 面的投影。

⑤ 分别将 1、2、4、3、1 及 $1''$、$2''$、$4''$、$3''$、$1''$ 顺序连接。

⑥ 擦去多余的线条，补充完整并加深其余轮廓线，完成作图。

作图结果如图 3-10（b）所示。

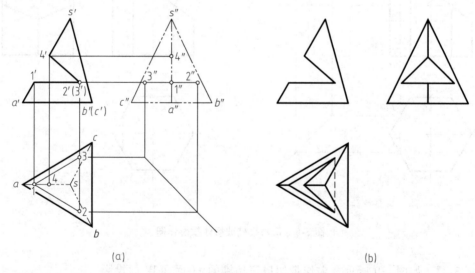

(a)

(b)

图 3-10　三棱锥截切体投影作图

3.3.2　平面与曲面立体相交

当平面与曲面立体相交时，所得的截断面是平面图形，截交线为平面内的曲线、直线或曲线与直线。作平面与曲面立体相交时的截交线的投影的一般步骤是：

① 分析截切之前曲面立体的结构。

② 分析截平面的投影特性及其与曲面立体的相对位置，从而了解截断面及截交线的形状以及投影特性。

③ 根据投影特性，找到截交线的已知投影，在已知投影上取点。截交线若为直线，则取其端点，若为标准圆弧，则不用取点，可确定半径后直接画出。若为非圆曲线，则应取特殊位置的点和一般位置的点共两类点。特殊位置的点通常为端点、极限位置的点、转向轮廓线上的点、投影在对称轴线或对称中心线上的点等。取点时，特殊位置的点不能漏取，原则上在相邻两个特殊位置的点中间至少取一个一般位置的点。

④ 按照曲面立体表面上的点的投影的作图方法，把所取的点在其他投影面上对应的投影作出，并判断点的可见性。

⑤ 判断截交线的可见性，把所取点的同面投影按顺序连接，可见部分的投影以粗实线画出，不可见部分的投影以细虚线画出。

⑥ 擦去多余的图线，补充完整其余轮廓线，加粗描深，完成作图。

（1）平面与圆柱相交

根据截平面与圆柱轴线的相对位置不同，平面与圆柱相交的截切情况有三种，如表 3-1 所示。

表 3-1　平面与圆柱相交

截平面位置	与圆柱轴线垂直	与圆柱轴线平行	与圆柱轴线倾斜
	圆	矩形	椭圆
截交线形状	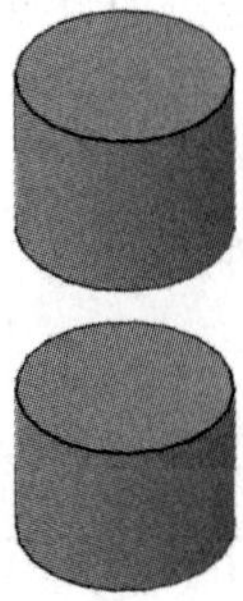	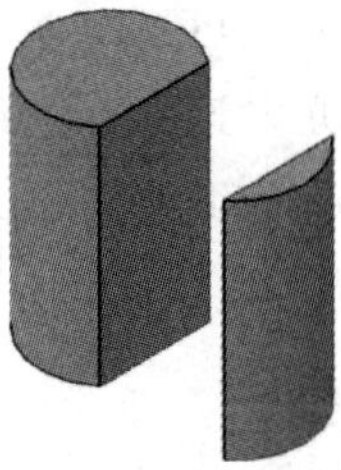	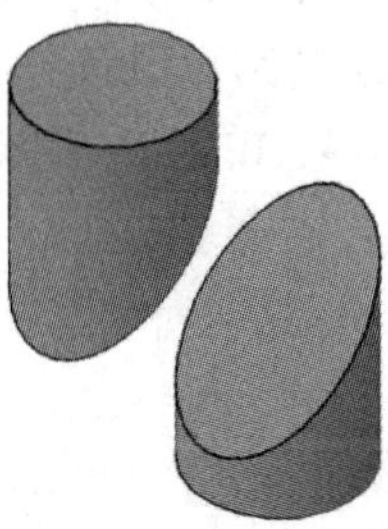
投影	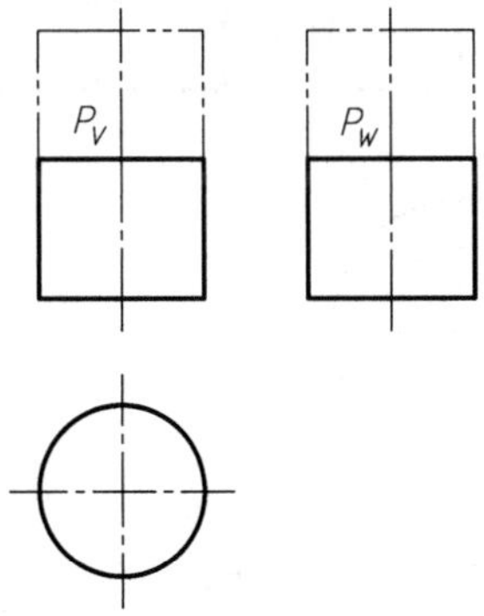	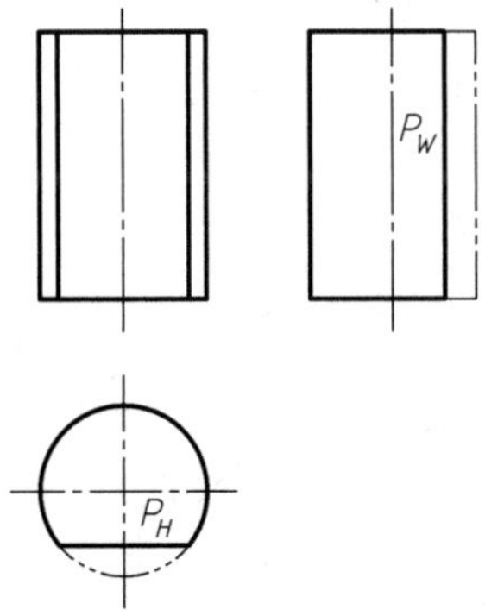	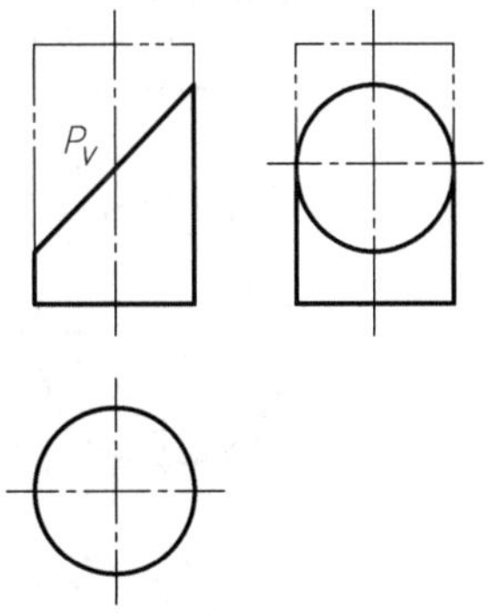

【例 3-8】　如图 3-11 所示，求作被平面截切后的圆柱的左视图。

【解】　从图 3-11 可以看出，圆柱被正垂面截切，所得截断面为椭圆形正垂面，截交线为椭圆。截断面在 V 面的投影积聚为直线，在 H 面的投影为重合于圆柱底面投影的圆，在 W 面的投影为椭圆。作图过程如图 3-12（a）所示。

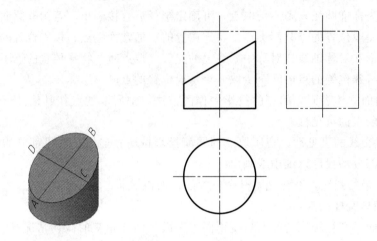

图 3-11　圆柱截切体

① 在 V 面上找到截交线的已知投影，并取特殊位置的点的投影 a'、b'、c'、d'，一般位置的点的投影 e'、f'、g'、h'。

② 按圆柱面上点的投影的作图方法，作出所取点在 H 面、W 面上对应的投影 a、b、c、d、e、f、g、h 及 a''、b''、c''、d''、e''、f''、g''、h''，并判定点的可见性。

③ 判别可见性，截交线在 W 面上可见，在 H 面上的投影和圆柱面投影的圆重合。

④ 在 W 面上用粗实线按顺序光滑连接 a''、e''、c''、g''、b''、h''、d''、f''、a''。

⑤ 擦去多余的线条，补充完整并加深其余轮廓线，完成作图。

作图结果如图 3-12（b）所示。

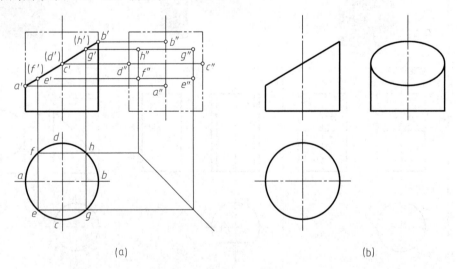

图 3-12　圆柱截切体投影作图

（2）平面与圆锥相交

根据截平面与圆锥轴线的相对位置不同，平面与圆锥相交的截切情况有五种，如表 3-2 所示。

表 3-2　平面与圆锥相交

截平面位置	垂直于轴线	倾斜于轴线	平行转向轮廓线	过圆锥顶点	平行于轴线
	圆	椭圆	双曲线	等腰三角形	抛物线
截交线形状					
投影					

【例 3-9】　如图 3-13 所示，圆锥被一平面截切，求作截交线的 V 面、W 面投影。

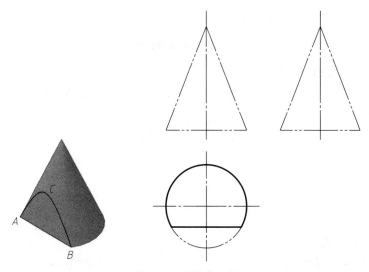

图 3-13　圆锥截切体

【解】　从 H 面投影可以看出，圆锥被正平面截切，截断面是由直线和双曲线围成的正平面，截断面的 H 面、W 面投影积聚为直线，V 面投影反映实形。

作图过程如图 3-14（a）所示。

① 在 H 面上找到截交线的已知投影，并取特殊位置的点的投影 a、b、c，一般位置的

点的投影 d、e。

② 按圆锥表面上点的投影的作图方法，作出所取的点在 V 面、W 面对应的投影 a'、b'、c'、d'、e'，及 a''、b''、c''、d''、e''，并判定点的可见性。

③ 判断可见性，截交线在 V 面可见，在 W 面的投影积聚为直线。

④ 在 V 面用粗实线按顺序光滑连接 a'、d'、c'、e'、b'，得双曲线的投影，连接 a'、b'，得直线的投影。在 W 面上用直线连接 a''、b''、c''、d''、e'' 并以粗实线画出，即得截交线在 W 面的投影。

⑤ 擦去多余的线条，补充完整并加深其余轮廓线，完成作图。

作图结果如图 3-14（b）所示。

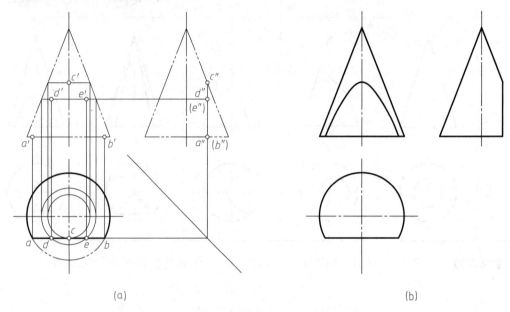

(a)　　　　　　　　　　　　　　　　(b)

图 3-14　圆锥截切体投影作图

（3）平面与圆球相交

平面与圆球相交时，无论截平面与圆球处于何种位置，其截断面均为圆平面，截交线为标准圆，圆的大小由截平面与球心之间的距离确定，如图 3-15 所示。

【例 3-10】　如图 3-16 所示，已知半圆球被截切后的 V 面投影，求作其 H 面、W 面投影。

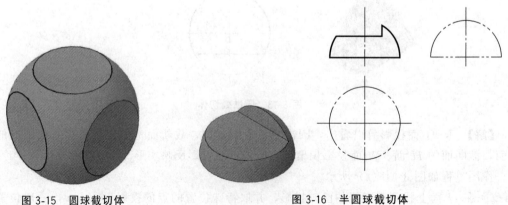

图 3-15　圆球截切体　　　　　　　图 3-16　半圆球截切体

【解】　由图 3-16 可知，半圆球被两个相交的截平面截切，其中一个截平面是水平面，另一截平面是侧平面。水平面截切的截断面是一段标准圆弧和一直线围成的水平面，其 V 面、W 面投影积聚为直线，H 面投影反映实形。侧平面截切的截断面是另一段标准圆弧和一直线围成的侧平面，其 V 面、H 面投影积聚为直线，W 面投影反映实形。两个截断面的交线为正垂线。

作图过程如图 3-17（a）所示。

① 在 V 面上找到截交线的已知投影，取截交线上的点的投影 a'、b'、c'、d'、e'、f'。

② 按球面上的点的投影的水平纬圆作图法，作出所取点在 H 面、W 面上对应的投影 a、b、c、d、e、f，及 a''、b''、c''、d''、e''、f''，并判定点的可见性。

③ 判断可见性，水平截断面的截交线在 H 面上可见，在 W 面的投影积聚为直线，侧平面截断面的截交线在 W 面上可见，在 H 面上的投影积聚为直线。

④ 在 H 面上，用粗实线连接 c、e，ce 既是两截断面的交线在 H 面上的投影，也是侧平面截断面在 H 面的投影。以 o 为圆心、oa 为半径，以粗实线作圆弧交 ce 于 c、e，即得水平截断面在 H 面上的投影。

⑤ 在 W 面上，用粗实线连接 f''、e''、a''、c''、b''，即得水平截断面在 W 面上的投影。以 o'' 为圆心、$o''d''$ 为半径，以粗实线作圆弧交 $f''b''$ 于 e''、c''，即得侧平面截断面在 W 面上的投影。

⑥ 擦去多余的线条，补充完整并加深其余轮廓线，完成作图。

作图结果如图 3-17（b）所示。

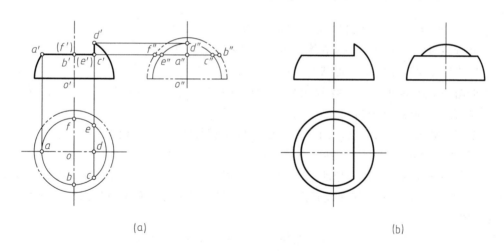

(a)　　　　　　　　　　　　　(b)

图 3-17　半圆球截切体投影作图

3.4　立体与立体的交线

两立体相交，也称为相贯，其表面会产生交线，交线称为相贯线，相交（相贯）组合而成的立体称为相贯体。如图 3-18 所示，立体相贯有三种情况：实体与实体相贯、实体与虚体相贯、虚体与虚体相贯。

画相贯体的视图，其核心问题就是要画出相贯线的投影，要画相贯线的投影就必须掌握

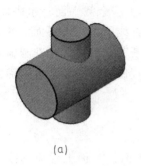
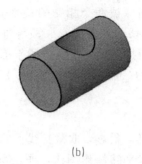
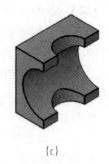

（a）　　　　　　　　　　（b）　　　　　　　　　（c）

图 3-18　相贯体的类型

（a）实体与实体相贯；（b）实体与虚体相贯；（c）虚体与虚体相贯

相贯线的基本性质。相贯线的形状取决于两相贯立体的形状、大小及其相对位置，但任何相贯线都具有下列两个基本性质。

（1）共有性

相贯线是相贯两立体表面的共有线，相贯线上的点是相贯两立体表面的共有点。

（2）封闭性

相贯线一般都是封闭的曲线、直线或曲线和直线。

作相贯线的投影最常用的方法有立体面上取点法和辅助平面法。

3.4.1　立体面上取点法作相贯线的投影

立体面上取点法作相贯线投影的一般步骤为：

① 分析相贯体是由两个什么立体相贯，以及在什么位置相贯。

② 想象出相贯线在空间的形状及走势。

③ 根据相贯线的共有性，找到相贯线的已知投影，在已知投影上取点。取点方法与3.3.2 中截交线上取点方法相同。

④ 按照立体表面上点的投影的作图方法，以及相贯线的共有性的特性，作出所取的点在其他投影面上对应的投影，并判定点的可见性。

⑤ 判断相贯线的可见性，把所取点的同面投影按顺序连接，可见部分的投影以粗实线画出，不可见部分的投影以细虚线画出。注意，相贯线可见部分和不可见部分的分界点一定是特殊位置的点。

⑥ 擦去多余的图线，补充完整其余轮廓线，加粗描深，完成作图。

【例 3-11】　如图 3-19 所示，求作半圆柱与圆台的相贯线。

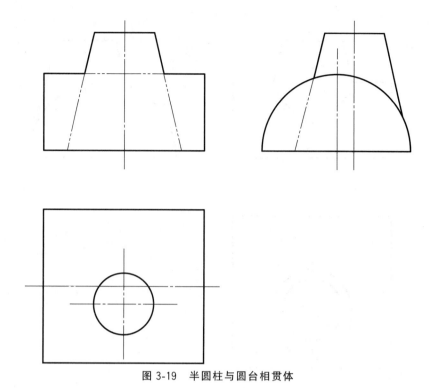

图 3-19　半圆柱与圆台相贯体

【解】　用立体面上取点法作图过程如图 3-20（a）所示。

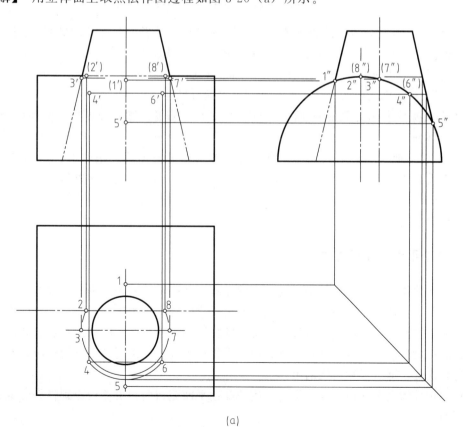

(a)

图 3-20

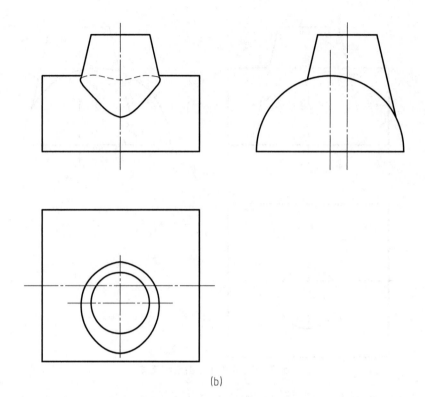

(b)

图 3-20　半圆柱与圆台相贯线作图

① 在 W 面上找到相贯线的已知投影（半圆柱与圆台投影重合部分的圆弧），取特殊位置的点的投影 $1''$、$2''$、$3''$、$5''$、$7''$、$8''$，一般位置的点的投影 $4''$、$6''$。

② 用水平辅助纬圆法，作出所取点在 H 面、V 面上对应的投影 1、2、3、4、5、6、7、8，和 $1'$、$2'$、$3'$、$4'$、$5'$、$6'$、$7'$、$8'$，并判定点的可见性。

③ 判断可见性，相贯线在 H 面上可见，在 V 面以点 Ⅲ、Ⅶ 为分界点，前面部分可见，后面部分不可见。

④ 在 V 面上把 $3'$、$4'$、$5'$、$6'$、$7'$ 按顺序以粗实线光滑连接，把 $3'$、$2'$、$1'$、$8'$、$7'$ 按顺序以细虚线光滑连接。在 H 面上把 1、2、3、4、5、6、7、8 按顺序以粗实线光滑连接。

⑤ 擦去多余的线条，完成作图。

作图结果如图 3-20（b）所示。

3.4.2　辅助平面法作相贯线的投影

辅助平面法作相贯线，是利用三面共点的原理，选择恰当的辅助平面同时截切相贯的两立体，得到两立体被截切后的两组截交线。两组截交线的交点为辅助平面与两立体表面的共有点，即相贯线上的点。作出两组截交线交点的投影即为相贯线上的点的投影。如此用多个相互平行的辅助平面连续截切该相贯体，便可求得相贯线上一系列共有点的投影，然后判定可见性将其连接，即可得相贯线的投影。

注意，选择辅助平面截切相贯体时，应使辅助平面截切两相贯体后分别得到的截交线是简单易画的图线。

【例 3-12】　如图 3-21 所示，求作圆柱和半圆球的相贯线的投影。

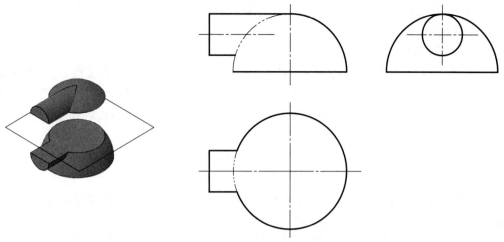

图 3-21　圆柱与半圆球相贯体

【解】　用辅助平面法作图过程如图 3-22（a）所示。

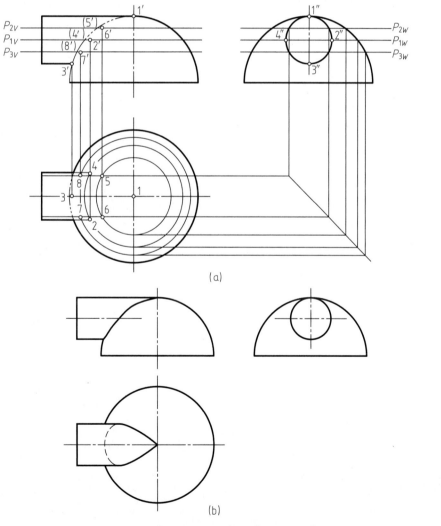

(a)

(b)

图 3-22　圆柱与半圆球相贯线作图

① 在 W 面上找到相贯线的已知投影（圆柱面投影积聚的圆），取特殊位置的点 I、II、III、IV 的投影 $1''$、$2''$、$3''$、$4''$。

② $1''$ 和 $3''$ 对应的 V 面投影 $1'$、$3'$ 和 H 面投影 1、3 可直接作出。

③ 过 III、IV 两点作辅助水平面 P_1 截切相贯体，P_1 与半圆球的截交线在 H 面上的投影为圆，与圆柱的截交线在 H 面上的投影为两条平行直线，两组截交线的交点 3 和 4 即为所求相贯线上的点 III、IV 在 H 面上的投影，根据 3、4 可作出其在 V 面上对应的投影 $3'$、$4'$。

④ 同理依次作辅助水平面 P_2、P_3 截切相贯体，可作出相贯线上的点在 H 面、V 面上的投影 5、6、7、8 和 $5'$、$6'$、$7'$、$8'$。

⑤ 判断可见性，在 V 面上，相贯线可见和不可见部分重影，在 H 面上，以 2、4 为分界点，上面部分可见，下面部分不可见。

⑥ 在 V 面上，按顺序以粗实线光滑连接 $1'$、$6'$、$2'$、$7'$、$3'$（或 $1'$、$5'$、$4'$、$8'$、$3'$）。在 H 面上，按顺序以粗实线光滑连接 2、6、1、5、4，以细虚线光滑连接 4、8、3、7、2。

⑦ 擦去多余的线条，完成作图。

作图结果如图 3-22（b）所示。

第**4**章 组合体的视图

通常把形状结构比较简单的立体称为基本形体。由两个及以上基本形体组合而成的立体称为组合体。本章主要介绍组合体的组合方式、结构分析、视图画法、尺寸标注及视图识读。

4.1 组合体的组合形式及表面位置关系

4.1.1 组合体的组合形式

如图 4-1 所示，基本形体组合成组合体有三种组合形式：叠加型组合、切割型组合以及叠加与切割综合型组合。叠加型组合是各基本形体相互堆积、叠加后形成组合体。切割型组合是在基本形体上进行切块、开槽、打孔等切割后形成组合体。叠加与切割综合型组合则是叠加型组合和切割型组合两种组合形式的综合。

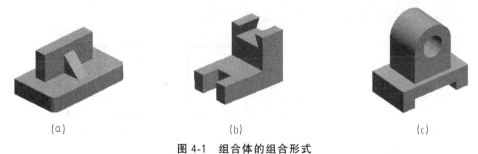

(a)   (b)   (c)

图 4-1　组合体的组合形式

（a）叠加型组合体；（b）切割型组合体；（c）叠加与切割综合型组合体

4.1.2 组合体的表面位置关系

基本形体组合成组合体时表面之间的位置关系有共面、相错、相切及相交四种形式。

（1）共面

共面是指组合体中相互组合的两个基本形体同方向的某两个表面处于同一平面内，此时在视图中这两个表面处没有分界轮廓线，如图 4-2 所示。

（2）相错

相错是指组合体中相互组合的两个基本形体同方向的某两个表面不在同一平面内，此时

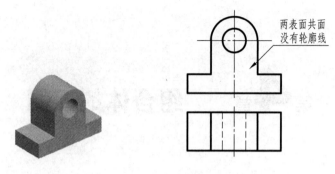

图 4-2　两表面共面

在视图中这两个表面处有分界轮廓线，如图 4-3 所示。

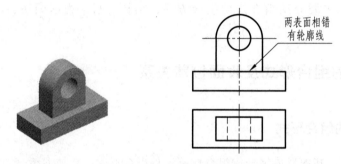

图 4-3　两表面相错

（3）相切

相切是指组合体中相互组合的两个基本形体的某两个相邻表面在连接处平滑过渡，此时在视图中这两个表面相切处没有轮廓线，如图 4-4 所示。

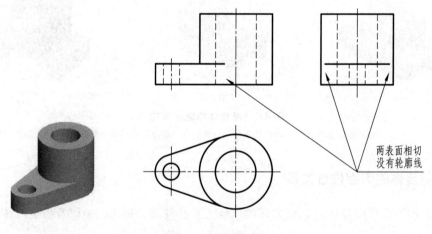

图 4-4　两表面相切

（4）相交

相交是指组合体中相互组合的两个基本形体的某两个相邻表面在连接处产生交线，此时在视图中这两个表面相交处有轮廓线，如图 4-5 所示。

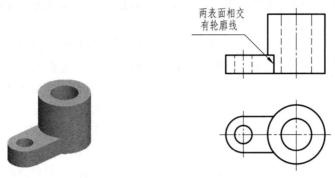

图 4-5　两表面相交

4.2　组合体的结构分析

4.2.1　组合体的形体分析法

组合体的形体分析法就是假想把复杂的组合体拆解成若干个基本形体，并分析这些基本形体的结构形状、相互间的组合形式、组合时的相对位置以及组合时表面位置关系的分析过程。形体分析法是画组合体视图、组合体视图尺寸标注以及识读组合体视图的基本方法。

例如对图 4-6（a）所示的支座进行形体分析，其可以看成是由带孔底板、圆柱筒、肋板、带孔耳板和空心凸台这五个基本形体以叠加型组合方式组合而成，如图 4-6（b）所示。底板的底面与圆柱筒下端面共面，上表面与圆柱筒圆柱面相交，两个侧面与圆柱筒圆柱面相切。肋板的底面和底板上表面共面，两个侧面与圆柱筒圆柱面相交，另一斜面与圆柱筒圆柱面和底板上表面相交。空心凸台与圆柱筒相贯，内外均产生相贯线。耳板上表面和圆柱筒上端面共面，底面及前后侧面与圆柱筒圆柱面相交。

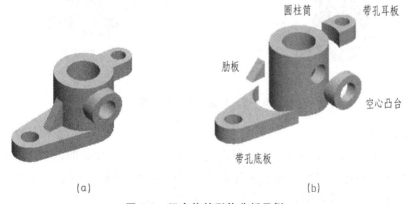

（a）　　　　　　　　　　　　　　（b）

图 4-6　组合体的形体分析示例

4.2.2　组合体的线面分析法

组合体可以看作是由组合体各表面"黏合"在一起围成的立体，画组合体的视图实际上就是画围成组合体的各表面以及表面间的交线的投影。线面分析法就是分析围成组合体的各表面以及表面间的交线的空间性质和投影特性，以确定这些空间的线、面和视图中的线框和图线的对应关系的分析方法。

图 4-7 组合体线面
分析示例

图 4-7 所示组合体，可以看作是由四棱柱切割得到。按照线面分析法，该组合体由一个六边形水平面（底面），两个梯形铅垂面（左前、左后侧面），两个矩形正平面（正前、正后平面），一个八边形正垂面（左端面），一个八边形侧平面（右端面），两个五边形水平面（顶面），以及矩形通槽部分的两个梯形正平面和一个矩形水平面"黏合"而成。

形体分析法是从"体"的角度分析组合体，而线面分析法则是从"线""面"的角度分析组合体。叠加型组合体，主要运用形体分析法对其进行分析，切割型组合体则主要运用线面分析法对其进行分析，综合型组合体则以形体分析法为主，线面分析法为辅对其进行分析。

4.3 组合体视图的画法

4.3.1 叠加型组合体视图的画法

下面以图 4-8（a）所示的支座为例，介绍叠加型组合体视图的画图方法和步骤。

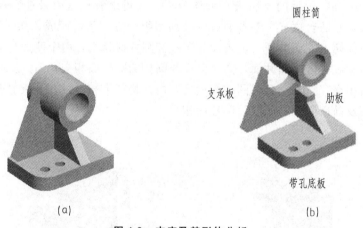

圆柱筒

支承板

肋板

带孔底板

（a）   （b）

图 4-8 支座及其形体分析

（1）形体分析

如图 4-8（b）所示，支座由带孔底板、支承板、肋板和圆柱筒四部分以叠加方式组成。组合时以底板为基础进行组合，支承板后端面与底板后端面共面，两个侧面与圆柱筒回转面相切，前后两个面与圆柱筒回转面相交。肋板下端面和后端面分别与底板顶面、支承板前面共面，左右两个侧面与底板和圆柱筒回转面相交。

（2）确定安放位置

确定组合体的安放位置时，应综合分析组合体加工时所处的状态和工作时所处的状态，参照 7.2.1 小节中零件安放位置的选择原则进行确定。图 4-8（a）所示支座，根据工作状态选择将其直立安放。

（3）选择主视图投射方向

主视图应尽可能多地反映组合体的结构特征，并尽可能减少各视图中的不可见轮廓线。按照这个原则，如图 4-9 所示，支座 A 向所得主视图最能反映支座各组成部分的主要形状特征和较多的位置特征，且不可见轮廓线最少。因而，A 向作为主视图投射方向最好。

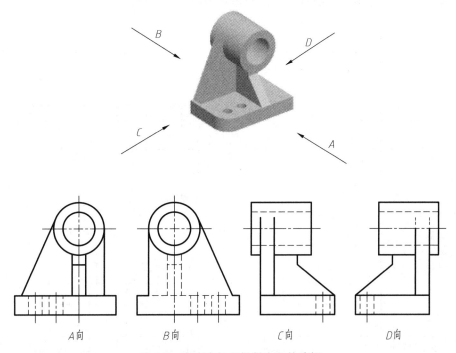

图 4-9　支座主视图投射方向的选择

（4）确定其他视图

组合体视图表达中，应用最少的视图完整、清晰地表达各基本形体的结构形状、相对位置和表面位置关系。图 4-8（a）支座视图表达中，除主视图外，还必须用俯视图来表达底板的形状和两孔的相对位置以及圆柱筒的轴向尺寸，用左视图来表达底板的形状、支承板的厚度以及支承板和圆柱筒的组合关系。

（5）选择图幅，确定比例

组合体的视图表达方案确定后，要根据组合体的实际大小，选择恰当的图幅和相应的绘图比例。

（6）布置视图并画出绘图基准线

每个视图的准确位置用水平方向和竖直方向两条绘图基准线确定。

（7）画底稿

按照形体分析法，根据"长对正、高平齐、宽相等"的投影原则逐个画出各基本形体的各视图。画图时应先画主要形体，再画次要形体，先画主要轮廓，再画细节。画新的基本形体时，要特别注意分析该基本形体与其他基本形体之间的相对位置关系和表面位置关系，注意判断轮廓线的有无及可见性。

（8）检查、加粗、描深

仔细检查底稿，改正错误，确定投影及连接关系无误后，按规范加粗、描深。

（9）标注尺寸

组合体视图尺寸的标注方法见 4.4.4。

（10）填写标题栏

填写标题栏中图名、图号、绘图比例、制图人姓名及单位名称等内容。

图 4-8（a）支座视图绘制的具体方法和步骤如图 4-10 所示。

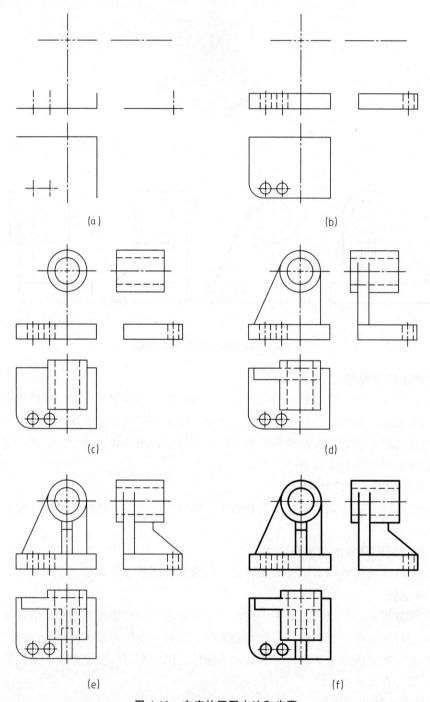

图 4-10　支座的画图方法和步骤

（a）画绘图基准线；（b）画底板；（c）画圆柱筒；（d）画支承板；（e）画肋板；（f）检查、加粗、描深

4.3.2　切割型组合体视图的画法

画切割型组合体的视图时，要用线面分析法分析围成组合体的各表面以及表面间的交线的空间性质和投影特性，并确定这些空间的线、面在相应投影面上的投影。绘图时，依次画出围成组合体的各表面的相应投影即可得到组合体的视图。其余绘图方法及步骤和叠加型组合体视图的画法相同。

以图 4-11（a）所示切割型组合体为例，如图 4-11（b）所示，该组合体由正四棱柱分别用一个水平面和一个正垂面切去左上角一块，然后用两个正平面和一个侧平面从左端切去一个四棱柱，得矩形通槽部分。最后用两个侧垂面从顶上切去一块而得 V 形通槽部分。其绘图步骤如图 4-12 所示。

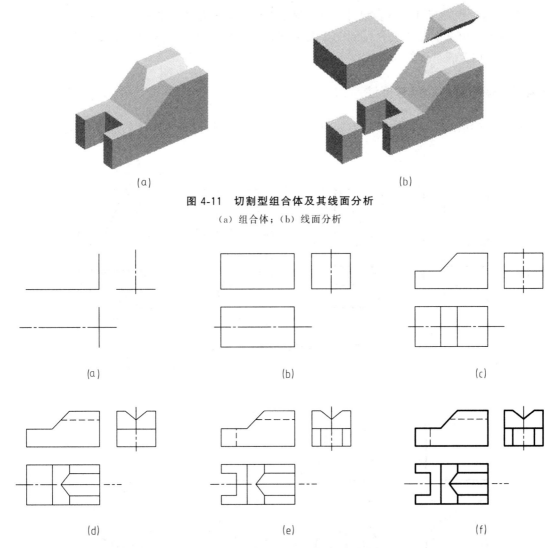

（a）　　　　　　　　　　　　　　　　　　　（b）

图 4-11　切割型组合体及其线面分析

（a）组合体；（b）线面分析

（a）　　　　　　　　　　　（b）　　　　　　　　　　　（c）

（d）　　　　　　　　　　　（e）　　　　　　　　　　　（f）

图 4-12　切割型组合体视图的绘图示例

（a）画绘图基准线；（b）画未被切割四棱柱的三视图；（c）画水平截断面、正垂面截断面的三视图；

（d）画 V 形通槽的三视图；（e）画矩形通槽的三视图；（f）检查、加粗、描深

4.4 基本形体、切割体、相贯体及组合体的尺寸标注

组合体视图中各基本形体的真实大小及其相互位置，要用尺寸来确定。尺寸标注时必须满足如下基本要求：

① 正确。标注的尺寸数值应准确无误，所标注尺寸应符合国家标准 GB/T 4458.4—2003 的要求。

② 完整。所注尺寸必须能准确确定组合体及各基本形体的大小及相对位置，既不能遗漏，也不能重复。

③ 清晰。尺寸应尽量标注在形体的特征视图上，且应集中标注，布局要整齐，便于查找和看图。

④ 合理。所注尺寸应符合设计、加工制造和组合装配等工艺要求。

组合体是由基本形体组合得到的，要标注组合体的尺寸，首先要学会如何标注基本形体、切割体以及相贯体的尺寸。

4.4.1 基本形体的尺寸标注

棱柱、棱锥的尺寸标注如图 4-13 所示。圆柱、圆锥和球等回转体的尺寸标注如图 4-14 所示。

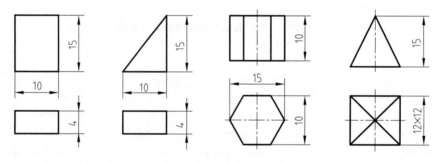

图 4-13 棱柱、棱锥的尺寸标注

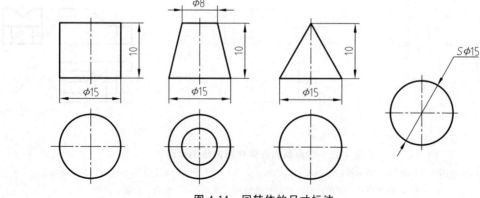

图 4-14 回转体的尺寸标注

4.4.2 切割体的尺寸标注

切割体尺寸标注时，不能标注截交线的尺寸，只需要标注：①切割体未切割之前的基本尺寸；②切割时所用截平面的定位尺寸。标注示例如图 4-15 所示。

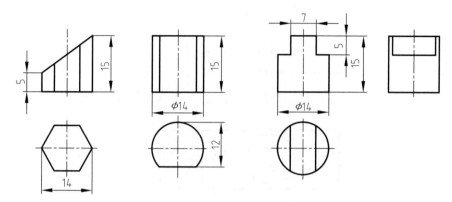

图 4-15 切割体的尺寸标注示例

4.4.3 相贯体的尺寸标注

如图 4-16 所示，标注相贯体尺寸时，不能标注相贯线的尺寸，只标注相贯各基本形体的定形尺寸和确定相贯位置的定位尺寸。

4.4.4 组合体的尺寸标注

（1）组合体的尺寸基准及尺寸种类

① 组合体的尺寸基准

标注组合体的尺寸前，应先确定尺寸基准。组合体在长、宽、高三个方向上，每个方向必须有且只能有一个主要尺寸基准。当组合体结构较复杂时，根据需要，在某一个方向上允许有一个或多个辅助尺寸基准，但每个辅助尺寸基准都必须由主要尺寸基准确定。选择主要尺寸基准时，若组合体在某个方向上对称，则通常选用对称面作为该方向上的主要尺寸基准，若不对称，则选用该方向上尺寸精度要求最高的轮廓线作为主要尺寸基准。辅助尺寸基准则根据需要进行选择。尺寸基准选择示例如图 4-17 所示。

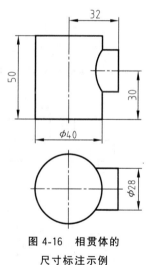

图 4-16 相贯体的尺寸标注示例

② 组合体的尺寸种类

组合体的尺寸包括定形尺寸、定位尺寸和总体尺寸。

a. 定形尺寸：确定组合体中各基本形体的形状大小的尺寸，如图 4-17 中的 $\phi 8$、$\phi 12$、$\phi 24$ 等。

b. 定位尺寸：确定组合体中各基本形体相对位置的尺寸，如图 4-17 中的 50。基本形体在长、宽、高三个方向上各有一个定位尺寸，根据情况，有的定位尺寸并不直接标出。

c. 总体尺寸：确定组合体外形的总长、总宽、总高的尺寸，如图 4-17 所示。标注总体

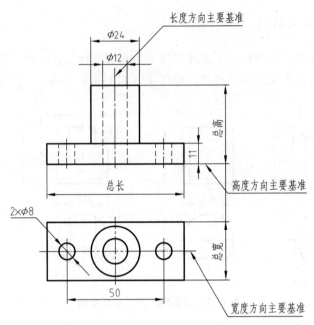

图 4-17　尺寸基准及尺寸种类

尺寸时，在下面两种情况下不能再标注总体尺寸。

　　i . 根据已标注完整的定形尺寸和定位尺寸可以计算出总体尺寸时，不能再标注总体尺寸。

　　ii . 组合体在端部具有回转结构时，不能再标注总体尺寸，此时总体尺寸由回转结构的定形尺寸和定位尺寸确定。

　　不能直接标注总体尺寸的示例如图 4-18 所示。

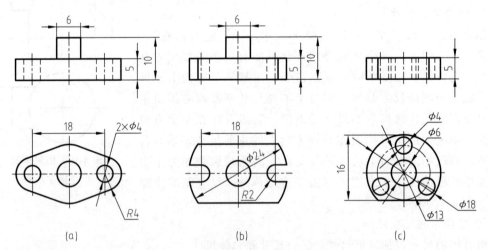

图 4-18　不能直接标注总体尺寸示例

　　（2）组合体尺寸标注的步骤

　　标注组合体的尺寸时，先确定组合体长、宽、高三个方向的主要尺寸基准以及必要的辅助基准，然后按照形体分析法，依次标注出构成组合体的各基本形体的定形尺寸和定位尺寸，然后再分析是否需要标注总体尺寸，最后仔细检查、校对、调整全部尺寸。

下面以图 4-19 支座的尺寸标注为例，介绍组合体尺寸的标注方法及具体步骤。

① 确定尺寸基准。如图 4-19 所示。

② 标注定形尺寸。按照形体分析法，依次标注出带孔底板、圆柱筒、肋板、带孔耳板和空心凸台的定形尺寸，如图 4-19 所示。

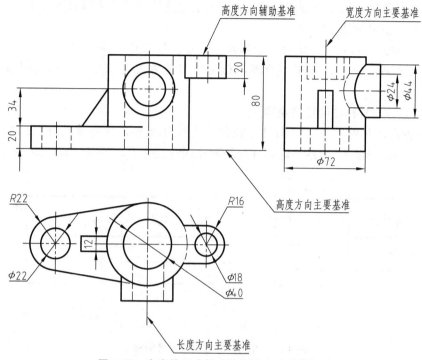

图 4-19　支座的尺寸基准选择及定形尺寸标注

③ 标注定位尺寸。按照形体分析法，从组合体长、宽、高三个方向的主要基准和辅助基准出发依次标注出带孔底板、圆柱筒、肋板、带孔耳板和空心凸台的定位尺寸，如图 4-20 所示。

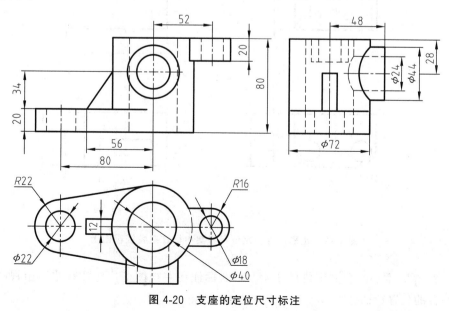

图 4-20　支座的定位尺寸标注

④ 标注总体尺寸。如图 4-20 所示，在长度方向上，支座左右两端分别有底板和耳板的回转结构，不能再标注总体尺寸，该方向上的总体尺寸由底板和耳板的定位尺寸 80、52 以及底板和耳板回转端面的定形尺寸 22、16 共同确定。在宽度方向上，总体尺寸由凸台定位尺寸 48 和空心圆柱筒半径共同确定，不能再重复标注。在高度方向上，80 是圆柱筒的高度的定形尺寸以及耳板高度方向的定位尺寸，同时也是支座高度方向的总体尺寸，因此，在高度方向上不能再重复标注总体尺寸。

⑤ 检查、调整全部尺寸。组合体定形尺寸、定位尺寸和总体尺寸标注完以后，应检查尺寸标注是否正确、完整、清晰、合理，有无遗漏或重复。最后，根据需要进行适当的调整。

（3）组合体尺寸标注的注意事项

① 同一方向的并列尺寸，应小尺寸在内，大尺寸在外，并保证尺寸线间隔均匀，如图 4-21（a）所示。同一方向的串联尺寸应排列在同一直线上，如图 4-21（b）所示。

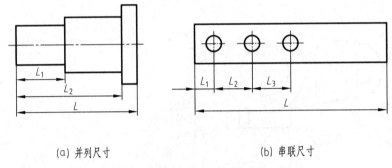

(a) 并列尺寸   (b) 串联尺寸

图 4-21　并列尺寸与串联尺寸的标注

② 定形尺寸、定位尺寸尽量标注在反映基本形体形状和位置特征的视图上，如图 4-22 所示。

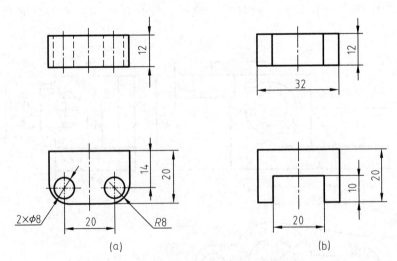

(a)   (b)

图 4-22　定形尺寸、定位尺寸集中标注在特征视图上

图 4-20 中，空心凸台的定位尺寸 48 和 28 标注在左视图上比标注在主、俯视图上更能反映该凸台的位置特征。

③ 同一基本形体的定形尺寸和相关的定位尺寸尽量集中标注，并尽量布置在两个视图之间，以便于读图，如图 4-23 所示。

④ 尺寸尽量不标注在不可见轮廓线上。但为了布局需要和尺寸清晰，必要时也可标注在不可见轮廓线上，如图 4-19 所示左视图上的 $\phi24$。

⑤ 基本形体组合时自然产生的交线不可直接标注交线的尺寸，交线的尺寸由产生交线的基本形体的定形尺寸和定位尺寸确定，如图 4-19 中，底板和圆柱筒相切处不能标注底板的定型尺寸（相切处的宽度尺寸）。

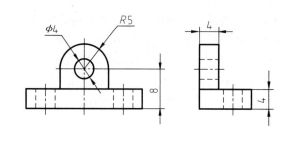

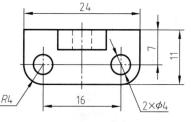

图 4-23 集中标注示例

⑥ 由于加工时尺寸公差（见 7.5.2）的存在，组合体尺寸标注中不应出现"封闭尺寸链"（首尾相接，形成一个闭环的一组尺寸），如图 4-24 所示。

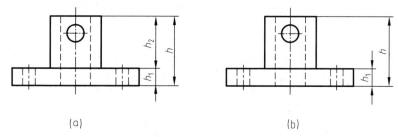

（a）   （b）

图 4-24 不能标注封闭尺寸链示例

（a）不合理；（b）合理

在实际标注尺寸时，有时会出现不能完全兼顾的情况，应在保证尺寸标注正确、完整、清晰、合理的基础上，根据需要灵活选择并进行适当调整。

4.5 组合体视图的读图

4.5.1 组合体视图读图的基本要领

（1）从特征视图入手

读组合体视图时，要善于抓住最能反映构成组合体的各基本形体的形状特征的视图（形状特征视图）和最能反映构成组合体的各基本形体之间相互位置关系的视图（位置特征视图），从特征视图入手进行识读。

如图 4-25（a）、（b）所示的两组视图中，主、俯视图相同，左视图不同，表达的组合体的结构也不同。在两组视图中，主视图最能反映构成组合体的各基本形体的主要形状特征，属于形状特征视图，在解读各基本形体的形状结构时要抓住主视图。从主视图入手，结合俯视图可以判断出该组合体有一个方形通孔或圆形通孔和一个方形凸起或圆形凸起，但只用主、俯视图没法确定该通孔和凸起的位置。左视图最能反映通孔和凸起的相互位置，属于位置特征视图，在解读通孔和凸起的相互位置时要抓住左视图。从特征视图入手，可知在4-25（a）中，左视图反映出组合体凸起在上部，通孔在下部，结合主、俯视图可知，在组合体上部有圆形凸起，下部有方形通孔。在4-25（b）中，左视图反映出组合体凸起在下部，通孔在上部，结合主、俯视图可知，该组合体上部有圆形通孔，下部有方形凸起。

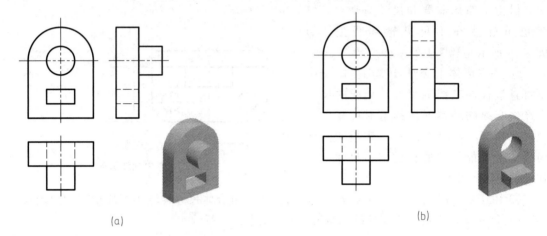

(a)   (b)

图 4-25　从反映形状和位置特征的视图入手读图示例

（2）综合几个视图进行解读

通常情况下，一个视图或两个视图不能准确反映组合体的真实结构。如图 4-26 所示，视图（a）所对应的组合体可以有视图（b）～（h）几种可能，不能通过视图（a）准确确定某一组合体的真实结构。

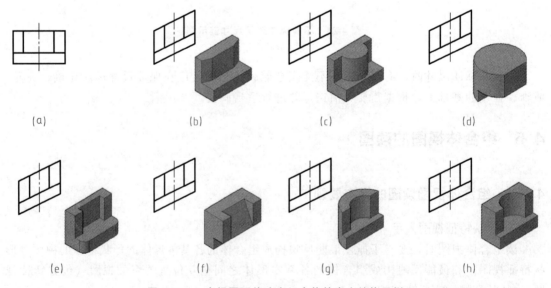

图 4-26　一个视图不能确定组合体的真实结构示例

在图 4-27 中，（a）、（b）两组视图的主视图和俯视图完全相同。只由主视图和俯视图也没法准确确定组合体的结构，必须把主、俯视图和左视图结合起来才能准确解读（a）、（b）所表示的组合体的结构。

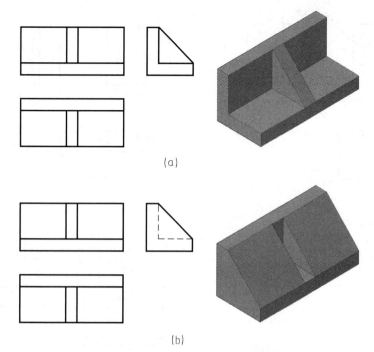

(a)

(b)

图 4-27　综合几个视图进行读图示例

由此可见，读组合体的视图时，要将各个视图联系起来，综合几个视图进行解读，才能想象出这组视图所表达的组合体的准确结构形状。

4.5.2　组合体视图的读图方法

组合体视图读图的基本方法有形体分析法和线面分析法。通常，对于叠加型组合体运用形体分析法读图，对于切割型组合体运用线面分析法读图，对于综合型组合体，则以形体分析法为主，想象出组合体的主体结构，再运用线面分析法想象出较为复杂的局部结构，从而解读出组合体的准确结构形状。

（1）形体分析法

形体分析法读图是形体分析法画图的逆过程，类似于"搭积木"的思维，其步骤为：

① 找到最能反映组合体形状结构的特征视图，在特征视图上划分封闭线框，每一个封闭线框代表构成组合体的某个基本形体在特征视图上的投影。

② 根据投影规律及"长对正、高平齐、宽相等"的投影关系找到所划分的每一个封闭线框在其他投影面上对应的投影，并将几个投影结合起来，想象出其所表达的基本形体的结构形状。

③ 将前述想象出来的所有基本形体按照组合体视图所表达的方式进行组合。

图 4-28 为运用形体分析法读组合体视图的示例。

分析组合体三视图可知，主视图更多地反映了组合体各组成部分的结构特征，属于特征视图。按照形体分析法，在主视图上划分出封闭线框 $1'$、$2'$、$3'$，并根据投影关系分别找到它们在俯视图和左视图上对应的投影 1、2、3 及 $1''$、$2''$、$3''$。然后，把每一个线框在三个视图上的投影结合起来进行想象，分别得到组合成组合体的各基本形体的形状。最后，把各基

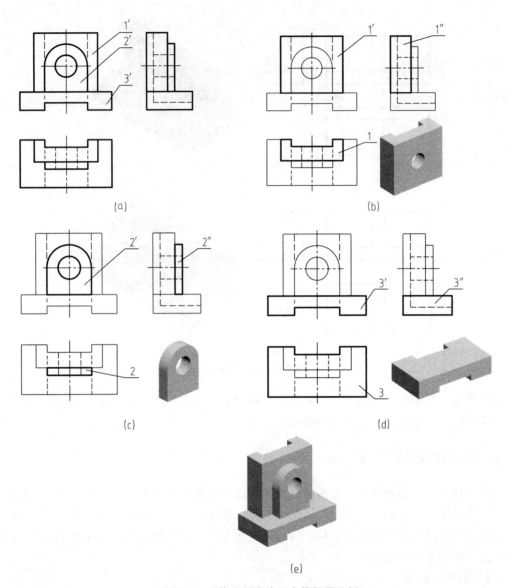

图 4-28　形体分析法读组合体视图示例

（a）找到特征视图（主视图），划分封闭线框；（b）想象出立板形状；（c）想象出凸台形状；

（d）想象出底板形状；（e）组合得到组合体的整体结构

本形体按照视图反映的相对位置进行叠加组合，即可得到组合体的整体结构形状，如图 4-28（e）所示。

（2）线面分析法

　　线面分析法是把组合体看成是由若干面（平面、曲面）封闭围成的。读图时，依次选定视图中的线框，然后根据投影关系，找到所选定的线框在其他视图上对应的投影（线框或图线），把所有投影结合起来，根据线面的投影特性，分析视图中线和线框的含义，想象出该线框所表达的面的形状及位置特性。最后，将想象出的所有的面（平面、曲面）按视图中的相对位置"黏合"到一起，即可构建出组合体的整体结构形状。

　　图 4-29 为运用线面分析法读组合体视图的示例。

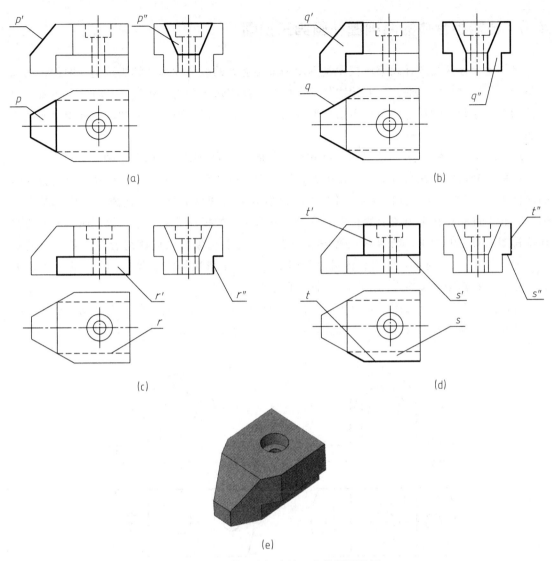

图 4-29　线面分析法读组合体视图示例

（a）分析、想象正垂面 P；（b）分析、想象铅垂面 Q；（c）分析、想象正平面 R；

（d）分析、想象水平面 S 和正平面 T；（e）组合得到组合体的整体结构

　　根据面的投影特性，线框 p 对应的投影分别为 p'、p''，结合三面投影，可知平面 P 在空间是一个梯形的正垂面。线框 q 对应的投影分别为 q'、q''，结合三面投影，可知平面 Q 在空间是一个七边形铅垂面。处于后方与之对称位置的面也是一个七边形铅垂面。线框 r' 对应的投影分别为 r、r''，结合三面投影，可知对应的 R 面在空间是一个长方形的正平面，处于后方与之对称位置的面也是一个长方形的正平面。线框 s 对应的投影分别为 s'、s''，可知 S 面在空间是一个直角梯形的水平面，处于后方与之对称位置的面也是一个直角梯形的水平面。t' 线框对应的投影为 t、t''，可知 T 面在空间是一个长方形的正平面，处于后方与之对称位置的面也是一个长方形的正平面。

　　按照同样的方法，读者可以将其余的面进行解读，最后将所有的面"黏合"在一起，综合起来即可得出组合体的整体结构形状，如图 4-29（e）所示。

4.6 已知组合体的两视图补画第三视图

已知组合体两视图补画第三视图是读图和画图能力的综合训练。解决这类问题的方法和步骤为：①根据已知视图，按照读图的基本要领，运用形体分析法和线面分析法，想象出组合体的结构形状；②在掌握组合体结构形状的基础上，根据画图的思路和步骤补画出所缺的视图。

【例 4-1】 如图 4-30（a）所示，已知组合体的主、俯视图，补画左视图。

【解】 分析已知视图可知，主视图是特征视图，按照形体分析法，在主视图上划分封闭的线框 1′、2′、3′、4′，如图 4-30（b）所示。所划分的线框分别对应构成组合体的基本形体Ⅰ、Ⅱ、Ⅲ、Ⅳ在主视图上的投影。按照"长对正"的投影关系，分别找到所划分的线框在俯视图上对应的投影，结合两个视图上的投影，可以想象出构成该组合体的各部分的形状。如图 4-30（c）所示，该组合体可以看作是由形体Ⅰ依次切割去除形体Ⅱ、Ⅲ、Ⅳ而形成，也可以看作是由实体Ⅰ与虚体Ⅱ、Ⅲ、Ⅳ组合得到。

补画左视图时，可按照形体分析法，依次画出形体Ⅰ、Ⅱ、Ⅲ、Ⅳ的左视图，然后修改相应的轮廓线即可得到组合体的左视图，具体作图过程如图 4-30（d）～（g）所示。

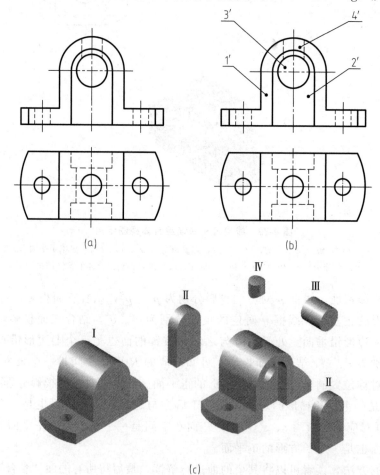

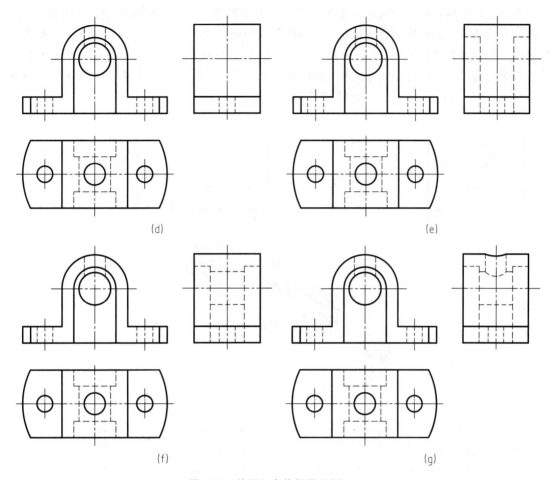

图 4-30　补画组合体视图示例（一）

（a）已知主、俯视图；（b）划分封闭线框，找出对应的投影；（c）想象出组合体的形状；（d）补画形体Ⅰ的左视图；
（e）补画形体Ⅱ的左视图；（f）补画形体Ⅲ的左视图；（g）补画形体Ⅳ的左视图，完成作图

【例 4-2】　如图 4-31（a）所示，已知组合体的主、左视图，补画俯视图。

【解】　根据 4-31（a）初步判断，该组合体为切割型组合体，为了弄清楚该组合体的结构，可以按照线面分析法进行分析。如图 4-31（b）所示，在已知的主、左视图上划分封闭的线框 1′、2′、3′、4′、5″、6′，所划分的线框为围成该组合体的空间平面在主、左视图上的投影。按照平面的投影特性，1′线框在左视图上对应的投影为直线 1″，2′线框在左视图上对应的投影为直线 2″，3′线框在左视图上对应的投影为斜线 3″，4′线框在左视图上对应的投影为直线 4″，5″线框在主视图上对应的投影为直线 5′，6′线框在主视图上对应的投影为斜线 6′。分别结合两视图上相应投影，可知如图 4-31（c）所示，1′线框所对应的空间平面为正平面Ⅰ，2′线框所对应的空间平面为正平面Ⅱ，3′线框所对应的空间平面为侧垂面Ⅲ，4′线框所对应的空间平面为正平面Ⅳ，5″线框所对应的空间平面为侧平面Ⅴ，6′线框所对应的空间平面为正垂面Ⅵ。

进一步分析主、左视图上其余线条的投影，综合起来可知，如图 4-31（c）所示，该组合体可以看作是由四棱柱切割得到：用一个正平面和一个正垂面在左前角切去一个三棱柱，产生截断面Ⅰ；用一个正平面和一个侧垂面在正前方切去一个四棱柱，产生截断面Ⅱ、Ⅲ和Ⅵ。

　　补画俯视图时，应按照线面分析法，依次画出"黏合"成组合体的各空间平面的投影。平面Ⅰ在俯视图上的投影积聚为直线 1，平面Ⅱ在俯视图上的投影积聚为直线 2，平面Ⅲ在俯视图上的投影为类似形 3，平面Ⅳ在俯视图上的投影积聚为直线 4，平面Ⅴ在俯视图上的投影积聚为直线 5，平面Ⅵ在俯视图上的投影为类似形 6。其余平面读者可自行分析。作图过程如图 4-31（d）～（g）所示，作图结果如图 4-31（h）所示。

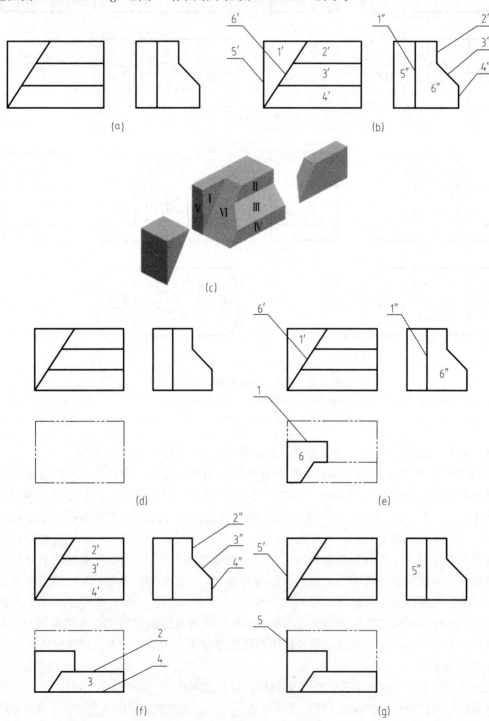

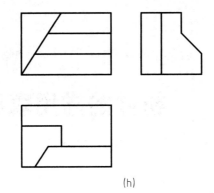

(h)

图 4-31 补画组合体视图示例（二）

（a）组合体主、左视图；（b）划分封闭线框；（c）想象出组合体的结构形状；（d）画出切割前四棱柱俯视图的
　　假想轮廓线；（e）画出正平面Ⅰ、正垂面Ⅵ的俯视图；（f）画出正平面Ⅱ、Ⅳ以及侧垂面Ⅲ的俯视图；
　　　　（g）画出侧平面Ⅴ的俯视图；（h）画出其余面的俯视图，检查，完成作图

第**5**章　机件的常用表达方法

在工程实际中，机件的结构形状是多种多样的，当机件的结构形状比较复杂时，仅仅采用三视图很难把机件的内外结构形状完整、清晰地表达出来，必须根据机件的结构特点，采取适当的表达方法进行表达。本章将介绍《技术制图》和《机械制图》国家标准中 GB/T 17451—1998、GB/T 4458.1—2002、GB/T 14692—2008、GB/T 17452—1998、GB/T 4458.6—2002、GB/T 4457.5—2013、GB/T 17453—2005、GB/T 16675.1—2012 所规定的视图、剖视图、断面图、局部放大图、简化画法和规定画法等机件的表达方法。

5.1　视图

视图通常有基本视图、向视图、局部视图和斜视图四种。

5.1.1　基本视图

表示一个物体可有六个基本投射方向，相应地有六个基本的投影平面分别垂直于六个基本投射方向。物体在基本投影面上的投影称为基本视图。技术制图中，在三投影面体系中 V、H、W 三个投影面的基础上再增加三个与之相对应的投影面，构成一个正六面体结构的六投影面体系，六个投影面即为六个基本投影面。将机件置于六投影面体系内，用正投影法分别向六个基本投影面投射，除了得到主视图、俯视图、左视图外，由后向前投射可以得到后视图，由下向上投射可以得到仰视图，由右向左投射可以得到右视图，如图 5-1 所示。主视图、俯视图、左视图、后视图、仰视图、右视图统称为基本视图。

投射后，以 V 面为基准，其余各投影面按图 5-2 所示展开，使之与 V 面共面，即得展开后的六个基本视图，其配置如图

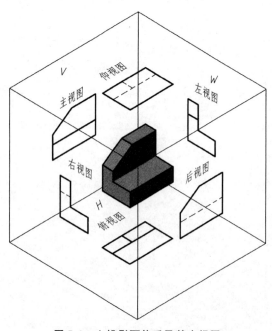

图 5-1　六投影面体系及基本视图

5-3 所示。六个基本视图中，主视图、俯视图、仰视图长对正；右视图、主视图、左视图、后视图高平齐；左视图、俯视图、右视图、仰视图宽相等。

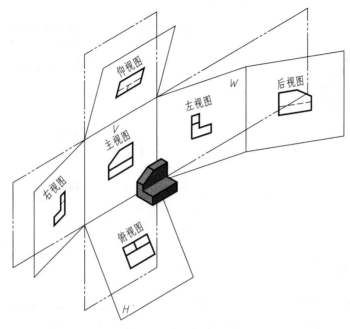

图 5-2　基本投影面的展开

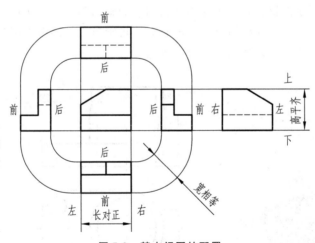

图 5-3　基本视图的配置

在实际绘图时，应首先考虑看图方便，根据机件的结构特点和复杂程度，按实际需要选择适当的表达方法，在完整、清晰地表示机件形状的前提下，使视图数量最少，力求制图简便。

5.1.2　向视图

向视图是可以根据图纸空间情况自由配置的视图。在机械图样中，按向视配置方式配置视图时，应在向视图的上方标注"×"（"×"为大写拉丁字母），在相应视图的附近用箭头指明投射方向，并标注相同的字母，如图 5-4（b）所示。

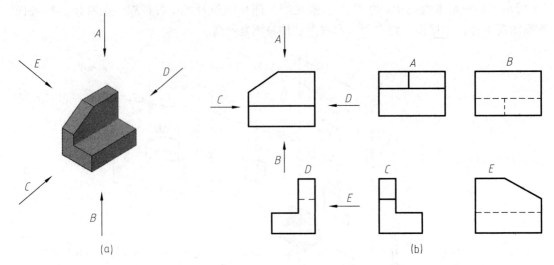

图 5-4　向视图的配置与标注

5.1.3　局部视图

当采用一定数量的基本视图已将机件的主体结构表达清楚，只有部分局部结构尚未表达清楚，而又没有必要再增加其余的基本视图时，可单独将这一部分的结构向基本投影面投射来表达。这种将机件的某一部分向基本投影面投射所得的视图，称为局部视图。

如图 5-5（a）所示的机件，除了左边凸台与右边缺口外，5-5（b）中的主视图和俯视图已将其主体结构表达清楚。这种情况下，没有必要再画出完整的左视图和右视图，而应采用局部视图表达这两处的结构，如图 5-5（b）所示。

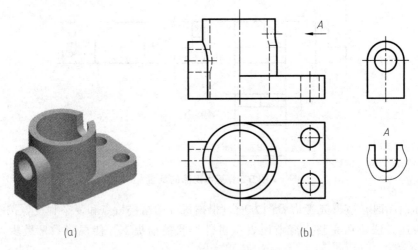

图 5-5　局部视图

画局部视图时应注意以下几点：

① 局部视图可按基本视图的配置形式配置，也可按向视图的配置形式配置，如图 5-5 所示。

② 画局部视图时，其断裂边界用波浪线（01.1）或双折线（01.1）绘制。断裂边界用

波浪线绘制时应注意：a. 波浪线不能与轮廓线重合或画在轮廓线的延长线上；b. 波浪线不能超出机件的轮廓线；c. 波浪线不可画在机件中空部分的投影上。波浪线的正误画法示例如图 5-6 所示。

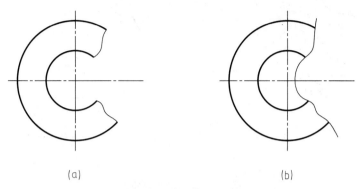

图 5-6　局部视图波浪线正误画法示例

(a) 正确；(b) 错误

③ 当所表示的局部视图的外轮廓成封闭时，则不必画出其断裂边界线，如图 5-5 所示的左边凸台的局部视图不必画出其断裂边界线。

④ 当局部视图按基本视图配置形式配置，中间又无其他图形隔开时，不必标注，如图 5-5 中左边凸台的局部视图不需标注。当局部视图按向视图的形式配置时，应对其进行标注。标注时，通常在局部视图上方用大写拉丁字母标出视图的名称"×"，并在相应视图附近用箭头指明投射方向，并注上相同的字母，如图 5-5 中的右边切口部分的局部视图所示。

5.1.4　斜视图

当机件上某部分倾斜结构不平行于任何基本投影面时，则其在基本投影面上的投影不能反映该部分的真实结构，不便于读图。为了表达出倾斜部分的真实结构，可增加一个与机件的倾斜部分平行且垂直于某一个基本投影面的辅助投影面，将机件上的倾斜部分向该辅助投影面投射得到视图，然后将辅助投影面旋转到与其垂直的基本投影面上，再按基本视图方式展开，即可得到反映该部分实形的视图。这种将机件向不平行于基本投影面的平面投射所得的视图称为斜视图。斜视图常用于表达机件上倾斜部分的结构，其余部分在基本视图中画出，断裂边界用波浪线或双折线绘制。

如图 5-7（a）所示的摇臂，为了表达摇臂上倾斜部分的真实结构，增加一个与摇臂的倾斜部分平行且垂直于 V 面的辅助投影面 P，将摇臂倾斜部分投射到平面 P 上得到斜视图，这样即可反映出摇臂倾斜部分的真实形状。摇臂斜视图展开后如图 5-7（b）所示。

画斜视图时应注意以下两点：

① 斜视图通常按向视图的配置形式配置并标注。标注时，通常在斜视图上方用大写拉丁字母标出视图的名称"×"，并在相应视图附近用箭头指明投射方向，并注上相同的字母，箭头要垂直于辅助投影面，如图 5-7 所示。

② 必要时，允许将斜视图旋转配置。此时，表示该视图名称的大写拉丁字母应靠近旋转符号的箭头端，如图 5-7（b）所示。

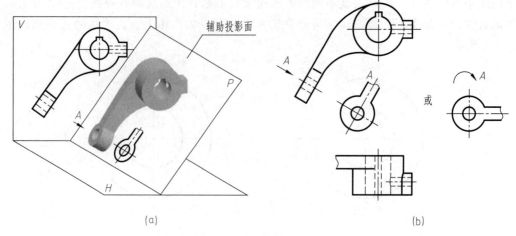

(a)   (b)

图 5-7　摇臂及其斜视图

5.2　剖视图

用视图表达内部结构比较复杂的机件时，在视图中往往会出现许多不可见轮廓线，影响视图表达的清晰，且不便于绘图、尺寸标注和读图。为了解决这种问题，国家标准规定采用"剖视"的表达方法，假想用剖切面剖开机件，将内部结构由不可见变为可见从而避免视图中出现不可见轮廓线。

5.2.1　剖视图的形成和标注

（1）剖视图的形成

假想用剖切面（剖切被表达机件的假想平面或曲面）从适当的位置剖开机件，然后移去观察者与剖切面之间的部分，将其余部分向投影面投射，并在剖面区域（假想用剖切面剖开机件时，剖切面与机件的接触部分）内画上剖面符号，这样得到的视图称为剖视图，简称剖视，如图 5-8 所示。

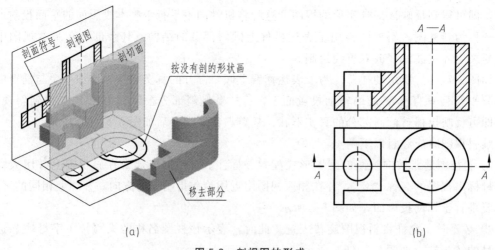

(a)   (b)

图 5-8　剖视图的形成

机件的材料不同，用来表示剖面区域的剖面符号也不同。表 5-1 列出了国家标准 GB/T 4457.5—2013 中规定的常用的剖面符号。

表 5-1　各种材料的剖面区域表示法

材料类型	剖面符号	材料类型	剖面符号
金属材料 （已有规定剖面符号者除外）		木质胶合板 （不分层数）	
线圈绕组元件		基础周围的泥土	
转子、电枢、变压器和 电抗器等的叠钢片		混凝土	
非金属材料 （已有规定剖面符号者外）		钢筋混凝土	
型砂、填砂、粉末冶金、砂轮、 陶瓷刀片、硬质合金、刀片等		砖	
玻璃及供观察 用的其他透明材料		格网 筛网、过滤网等	
木材　纵剖面		液体	
木材　横剖面			

注：1. 剖面符号仅表示材料的类型，材料的名称和代号另行注明。
　　2. 叠钢片的剖面线方向，应与束装中叠钢片的方向一致。
　　3. 液面用细实线绘制。

对于金属材料，其剖面线是用 GB/T 4457.4—2002 所指定的细实线来绘制。剖面线应间隔相等、方向相同且一般与剖面区域的主要轮廓线或对称线成 45°，必要时，剖面线也可画成与主要轮廓线成适当角度，如图 5-9 所示。同一机件相隔的剖面应使用相同的剖面线。剖面线的间距应与剖面尺寸的比例相一致，应与 GB/T 17450—1998 所给出最小间距的要求一致。

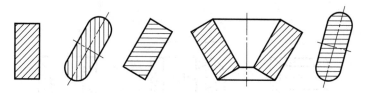

图 5-9　金属材料剖面线的画法

画剖视图时应先画剖切面上机件轮廓线的投影，再画剖切面后机件轮廓线的投影，最后在剖面区域内画出剖面线。画剖视图时应注意以下两点：

① 机件的剖切是假想的处理过程，当机件的某一视图画成剖视图时，其他视图仍应按完整的机件画出。

② 剖切平面后方的可见轮廓线应全部画出，不能遗漏，剖切平面前方已被切去部分的可见轮廓线通常不应画出。

剖视图的画法示例如图 5-10 所示。

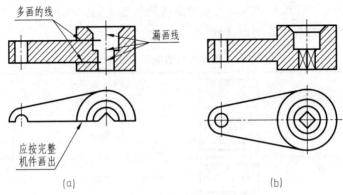

图 5-10 剖视图正误画法示例

(a) 错误画法；(b) 正确画法

（2）剖视图的标注

一般应在剖视图的上方用大写拉丁字母标出剖视图的名称"×—×"，在相应的视图上用剖切符号表示剖切位置和投射方向（用箭头表示），并标注相同的字母。剖切符号用 GB/T 4457.4—2002 所指定的粗实线来绘制，剖切符号之间的剖切线可省略不画。剖视图的标注如图 5-8（b）、图 5-11（b）所示。

在下列情况下，剖视图的标注内容可以简化或省略：

① 当剖视图按投影关系配置，中间又没有其他图形隔开时，可省略箭头。

② 当单一剖切平面通过物体的对称平面或基本对称平面，且剖视图按投影关系配置，中间又没有其他图形隔开时，可省略标注，如图 5-10（b）和图 5-11（b）中的主视图所示。

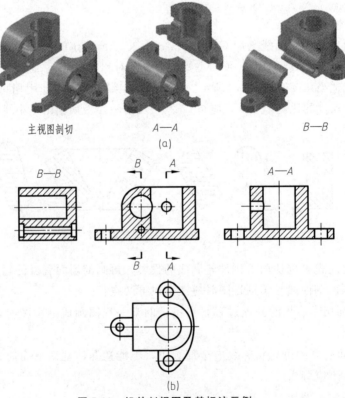

图 5-11 机件剖视图及其标注示例

5.2.2　剖视图的种类及画法

根据机件被剖切的范围，剖视图可以分为全剖视图、半剖视图和局部剖视图。根据机件的结构特点，在这些剖视图中可以选择用单一剖切面或者多个剖切面进行剖切。

（1）全剖视图

用一个或几个剖切面把机件完全剖开然后进行投射所得的剖视图，称为全剖视图。全剖视图分为：用单一剖切面剖切的全剖视图、用几个相互平行的剖切面剖切的全剖视图（阶梯剖视图）、用两个相交的剖切面剖切的全剖视图（旋转剖视图）、用组合剖切面剖切的全剖视图（复合剖视图）。

① 用单一剖切面剖切的全剖视图

用单一剖切面剖切机件时，根据机件内部结构特征及表达需要，剖切面可以是平行于基本投影面的剖切面，也可以是垂直于基本投影面的剖切面，还可以是柱面。

a. 用平行于基本投影面的剖切面剖切

当机件的内部结构比较复杂，外形较为简单，且具有对称平面时，通常用一个平行于基本投影面的剖切面沿机件对称面剖切，然后投射得到全剖视图，如图 5-12 所示。

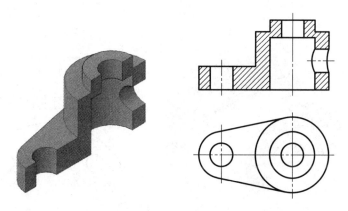

图 5-12　用一个平行于基本投影面的剖切面剖切的全剖视图

b. 用垂直于基本投影面的剖切面剖切

当机件上需要表达的内部结构与基本投影面不平行时，可选择一个与所需表达部分平行且垂直于某一基本投影面的剖切面剖开机件，然后将其投射到与剖切面平行的辅助投影面上，并将辅助投影面旋转到与其垂直的基本投影面上后展开，这样就可以得到反映该部分内部真实结构的全剖视图。这种剖切方法通常也称为斜剖，所得全剖视图叫做斜剖视图，如图 5-13 所示。

画斜剖视图时，应标注剖切符号，且视图优先按投影关系配置在表示投影方向的箭头所指一侧的对应位置。必要时，也可按向视图的配置形式进行配置。在不致引起误解的情况下，同斜视图一样，允许将斜剖视图旋转，旋转后的图形要在视图名称旁标注旋转符号，旋转符号的标注与斜视图相同，如图 5-13 所示。

c. 用柱面剖切面剖切

用柱面剖切面剖切机件时，全剖视图应按展开绘制，同时在全剖视图名称后加注"展开"二字，如图 5-14 所示。

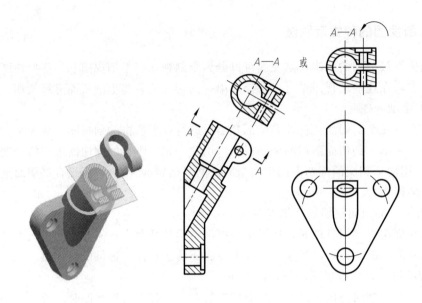

图 5-13　斜剖视图

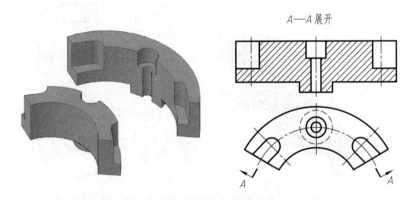

图 5-14　用单一柱面剖切面剖切的全剖视图

② 用几个相互平行的剖切面剖切的全剖视图

当机件上的内部结构层次较多，且内部结构的对称面相互平行时，用单一剖切面剖切不能充分表达机件内部结构，这时可以用几个与基本投影面平行的剖切面剖切机件，再向基本投影面投影得到全剖视图。这种剖切方法通常称为阶梯剖，所得全剖视图叫做阶梯剖视图，如图 5-15 所示。

如图 5-16 所示，画阶梯剖视图时应注意：

a. 阶梯剖视图中，在剖切面起讫、转折处应标注剖切符号和字母，转折处的剖切符号成直角并对齐，且不应与图中的轮廓线重合或相交，当转折处位置有限又不会引起误解时可省略字母。在剖视图上方要标出相同字母的剖视图名称"×—×"。

b. 在阶梯剖视图中剖切平面转折处不能有轮廓线。另外，在阶梯剖视图中一般不允许出现不完整结构。

③ 用两个相交的剖切面剖切的全剖视图

当机件有多个内部结构且这些内部结构的对称面相交时，可用两个相交且垂直于某一基

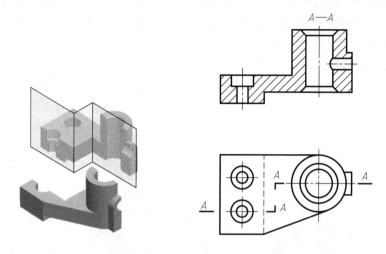

图 5-15　阶梯剖视图

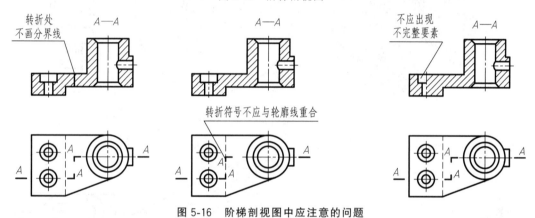

图 5-16　阶梯剖视图中应注意的问题

本投影面的剖切面（交线垂直于某一基本投影面）剖开机件，然后将被剖切平面剖开的结构及其有关部分旋转到与选定的基本投影面平行后再进行投射。在剖切平面后的其他结构，一般仍按原来位置投射。这种剖切方法通常称为旋转剖，所得全剖视图叫做旋转剖视图，如图 5-17 所示。

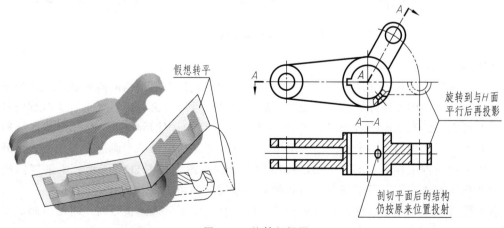

图 5-17　旋转剖视图

旋转剖视图中,剖切平面转折处不能有轮廓线。在剖切面起讫、转折处应标注剖切符号和字母,转折处的剖切符号不应与图中的轮廓线重合或相交,当转折处位置有限又不会引起误解时可省略字母。在剖视图上方要标出相同字母的剖视图名称"×—×"。

④ 用组合剖切面剖切的全剖视图

当机件的内部结构较多且层次复杂,单用阶梯剖和旋转剖仍不能表达清楚时,可以用多个相交、平行的剖切面组合剖开机件,然后投射得到全剖视图。这种剖切方法通常称为复合剖,所得全剖视图叫做复合剖视图,如图5-18、图5-19所示。复合剖视图的画法和标注方法与阶梯剖、旋转剖相同。

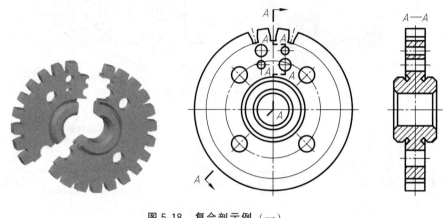

图 5-18　复合剖示例（一）

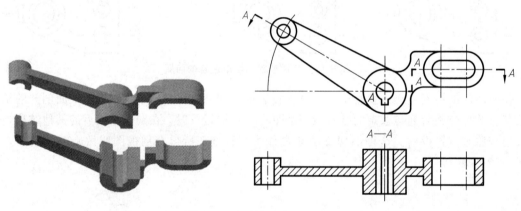

图 5-19　复合剖示例（二）

（2）半剖视图

当机件内部结构和外部结构都比较复杂,在用剖视表达内部结构的同时必须保留外部结构特征,且内部结构和外部结构具有相同的对称面时,可以将机件用一个垂直于对称面且平行于基本投影面的剖切面剖开机件对称面一旁的一半结构,然后将机件投射到基本投影面上,以对称中心线为界,一半画成剖视图用来表达内部结构,另一半画成视图用来表达外部结构。这种剖切方法称为半剖,所得剖视图称为半剖视图,如图5-20所示。半剖视图的配置方式和标注方法与用平行于基本投影面的单一剖切面剖切所得的全剖视图相同。

若机件的形状接近于对称,且不对称部分已另有其他图形表达清楚时,也可以画成半剖视图,如图5-21所示。

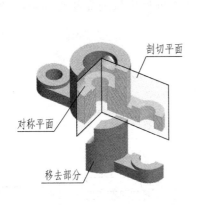
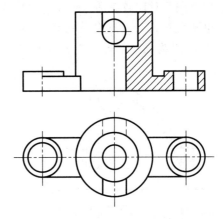

图 5-20　半剖视图示例

画半剖视图时应注意以下几点：

① 半剖视图中视图与剖视图的分界线为细点画线，不能画成任何其他图线，如图 5-20、图 5-21 所示。

② 在剖视部分已经表达清楚的机件的内部结构，在表达外形的视图部分不能再画出不可见轮廓线，但对孔、槽等对称结构要画出其中心线，如图 5-20、图 5-21 所示。

（3）局部剖视图

当机件主体结构已经表达清楚，只有局部的内部结构还需表达时，可用剖切面局部地剖开机件，然后投射到投影面上得到局部剖视图，如图 5-22 所示。局部剖视图中，要用波浪线（01.1 线型）或双折线（01.1 线型）分界，以表示局部剖切的范围。波浪线（01.1 线型）的画法和前述局部视图中波浪线的画法一样。当被剖切结构为回转体时，允许将该结构的轴线作为局部剖视图与视图的分界线。

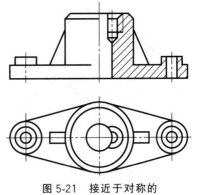

图 5-21　接近于对称的机件的半剖视图

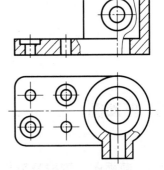

图 5-22　局部剖视图示例

局部剖视图中，当单一剖切平面的位置明确，不会引起误解时，局部剖视图不必标注。

局部剖剖切范围相对比较灵活，但要注意的是，在同一个视图上，局部剖的次数不宜过多，剖切范围也不宜过大，否则会使机件显得破碎，影响机件形体的完整性和视图的清晰性。图 5-23～图 5-25 为局部剖表达应用示例。

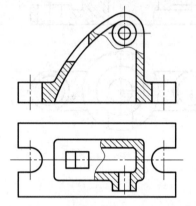

图 5-23　内、外结构都需要表达的局部剖

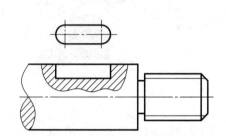

图 5-24　表达实心件上的孔、槽的局部剖

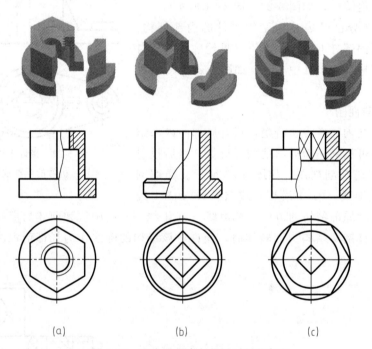

（a）　　　　　　　　　（b）　　　　　　　　　（c）

图 5-25　不宜采用半剖视图时用局部剖

5.3　断面图

5.3.1　断面图的形成及其与剖视图的区别

（1）断面图的形成

假想用剖切面将机件的某处切断，仅画出该剖切面与机件接触部分的图形，这种表示方

法称为断面图,简称断面,如图 5-26 所示。断面图常用来表达轴、杆件、型材、肋板、轮辐以及机件上的键槽、小孔等结构部位的断面的形状。在断面图中,剖面区域内要画上剖面符号。

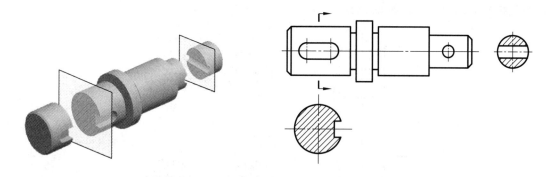

图 5-26　断面图

用断面图进行结构表达时,假想的剖切面一般应垂直于机件被剖切部位的主要轮廓线,进行法向剖切,如图 5-27 (a) 所示。若用单一剖切平面剖切不能满足法向剖切时,可以用两个相交的剖切面进行剖切,这种情况下,两部分断面中间应用波浪线（01.1 线型）表示断开,如图 5-27 (b) 所示。

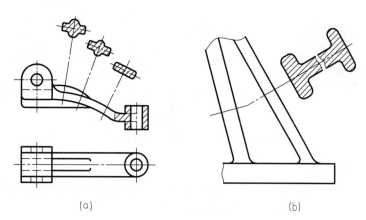

(a)　　　　　　　　　　　　　　(b)

图 5-27　断面图的法向剖切

（2）断面图与剖视图的区别

断面图只对剖切后剖切面与机件接触部分进行投射,是"面"的投影,而剖视图是对剖切面后剩下的结构的投射,是"体"的投影,如图 5-28 所示。

5.3.2　断面图的种类及画法

断面图可分为移出断面图和重合断面图两种。

（1）移出断面图

① 移出断面图的画法

移出断面图的轮廓线用粗实线（01.2 线型）绘

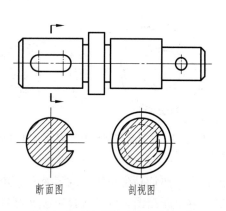

断面图　　　　剖视图

图 5-28　断面图与剖视图的区别

制，通常配置在剖切线（04.2线型）的延长线上，并在剖面区域内画上剖面符号，如图5-26、图5-27所示。画移出断面图时，下列两种情况应特别注意：

a. 当剖切面通过回转而形成的孔或凹坑的轴线时，这些结构应按剖视图投射，其他部位则仍按断面图投射，如图5-29所示。

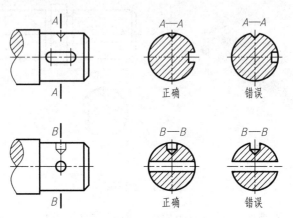

图 5-29　移出断面图的特殊情况示例（一）

b. 当剖切面通过非圆孔，若按断面图投射会导致出现完全分离的断面时，则这些结构应按剖视图投射，如图5-30所示。

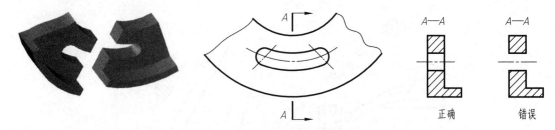

图 5-30　移出断面图的特殊情况示例（二）

② 移出断面图的配置

a. 移出断面图应尽量配置在剖切线的延长线上。也可直接按投影关系进行配置，或按向视图的配置形式配置在其他适当位置，如图5-26所示。

b. 由两个或多个相交的剖切面剖切得出的移出断面图，可以配置在任意一条剖切线的延长线上，如图5-27（b）所示。

c. 当移出断面图的图形对称时，可将断面图配置在视图的中断处，如图5-31所示。

③ 移出断面图的标注

一般用大写的拉丁字母标注移出断面图的名称"×—×"，在相应的视图上用剖切符号表示剖切位置和投射方向（用箭头表示），并标注相同的字母。剖切符号之间的剖切线可省略不画。

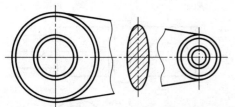

图 5-31　配置在视图中断处的移出断面图

配置在剖切符号延长线上的不对称移出断面图不必标注字母。不配置在剖切符号延长线上的对称移出断面图，以及按投影关系配置的移出断面图，一般不必标注箭头。配置在剖切线延长线上的对称移出断面图，不必标注字母和箭头。

移出断面图的具体标注方法如表 5-2 所示。

表 5-2　移出断面图的标注方法

断面图的配置位置	对称的移出断面图	不对称的移出断面图
配置在剖切线的延长线上	不必标注字母和箭头	不必标注字母
按投影关系配置	不必标注箭头	不必标注箭头
按向视图配置形式配置	不必标注箭头	必须完整标注

（2）重合断面图

重合断面图的轮廓线用细实线（01.1 线型）绘制，断面图画在视图之内，如图 5-32 所示。当视图中的轮廓线与重合断面的图形重叠时，视图中的轮廓线仍应连续画出，不可间断，如图 5-33 所示。

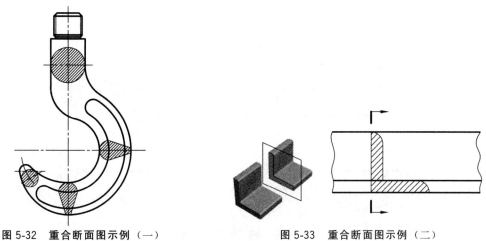

图 5-32　重合断面图示例（一）　　　　图 5-33　重合断面图示例（二）

不对称的重合断面图不可省略标注，对称的重合断面图不必标注，如图 5-32、图 5-33 所示。

在用断面图表达机件肋板的断面形状时，应注意如图 5-34（a）、（b）所示的移出断面图和重合断面图的画法的不同。

图 5-34　肋板的移出断面图和重合断面图的不同画法
（a）移除断面图；（b）重合断面图

5.4　局部放大图、简化画法和其他规定画法

5.4.1　局部放大图

将机件的部分结构，用大于原图形所采用的比例画出的图形，称为局部放大图。当机件上某些尺寸较小的局部结构，在原定比例的图形中不易表达清楚或不便标注尺寸，但又不宜调整原定比例时，可将此局部结构用局部放大图画出，原图形中该部分结构可简化表示。根据表达需要，局部放大图可画成视图，也可画成剖视图、断面图，它与被放大部位在原图形中所采用的表示方法无关。

绘制局部放大图时，除螺纹牙型、齿轮和链轮的齿形外，应用细实线在原图形上圈出被放大的部位。当同一机件上有几个被放大的部分时，应用罗马数字依次标明被放大的部位，并在局部放大图的上方标注出相应的罗马数字和所采用的绘图比例。当机件上被放大的部分仅一个时，在局部放大图的上方只需注明所采用的比例。同一机件上不同部位的局部放大图，当图形相同或对称时，只需画出一个。

局部放大图示例如图 5-35 所示。

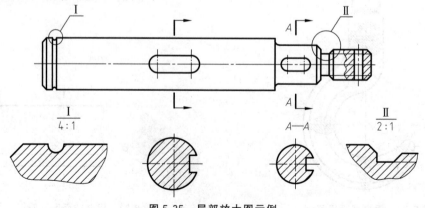

图 5-35　局部放大图示例

5.4.2　简化画法和其他规定画法

① 对于机件的肋、轮辐及薄壁等，当剖切面沿纵向剖切时，这些结构通常按不剖绘制，不画剖面符号，而用粗实线将它与其邻接部分分开，如图5-36 左视图所示。当剖切面按横向剖切时，这些结构仍需画上剖面符号，如图5-36 的俯视图所示。

② 当机件回转体上均匀分布的肋、轮辐、孔等结构不处于剖切平面上时，可将这些结构旋转到剖切平面上画出，如图5-37 （a）、（b）所示孔和肋的画法。

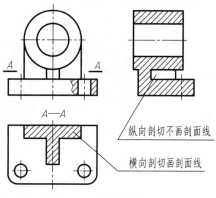

纵向剖切不画剖面线

横向剖切画剖面线

图 5-36　肋板的剖切画法

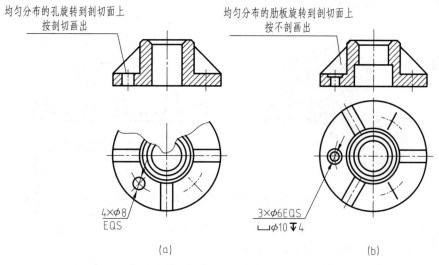

均匀分布的孔旋转到剖切面上按剖切画出

均匀分布的肋板旋转到剖切面上按不剖画出

4×φ8 EQS

3×φ6EQS ⌴φ10▼4

(a) (b)

图 5-37　带有规则分布结构要素的回转机件的剖视图画法

③ 在需要表示位于剖切平面前的结构时，这些结构可假想地用细双点画线绘制，如图 5-38 所示。

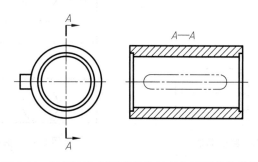

A—A

图 5-38　用细双点画线表示位于剖切平面前的结构

④ 机件中呈规律分布的重复结构，允许只绘制出其中一个或几个完整的结构，并反映其分布情况，标注时注明数量。对称的重复结构用细点画线（04.1 线型）表示各对称结构要素的位置，如图 5-39 （a）所示。不对称的重复结构则用相连的细实线（01.1 线型）代

替，如图 5-39（b）所示。

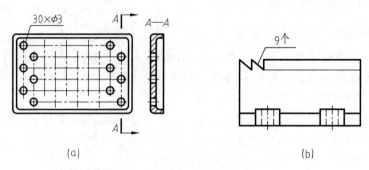

图 5-39　重复结构的简化画法

⑤ 圆柱形法兰和类似零件上均匀分布的孔，可由机件外向该法兰端面方向进行投射，然后按图 5-40 所示的方法表示。

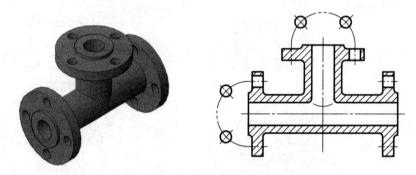

图 5-40　圆柱形法兰和类似零件上均匀分布的孔的表示

⑥ 机件上较小结构所产生的截交线、相贯线等交线，如在一个图形中已表达清楚时，可在其他图形中简化或省略，如图 5-41 所示。

⑦ 在不引起误解时，图形中的过渡线、相贯线可以简化，例如用圆弧或直线代替非圆曲线，如图 5-42 所示。

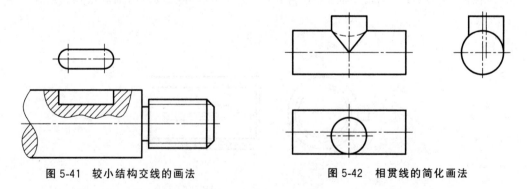

图 5-41　较小结构交线的画法　　　　图 5-42　相贯线的简化画法

⑧ 当回转体机件上的平面在图形中不能充分表达时，可用两条相交的细实线表示这些平面，如图 5-43 所示。

⑨ 与投影面倾斜角度小于或等于 30°的圆或圆弧，其投影可用圆或圆弧代替，如图 5-44 所示。

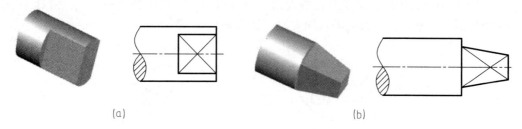

(a) (b)

图 5-43　平面的简化画法

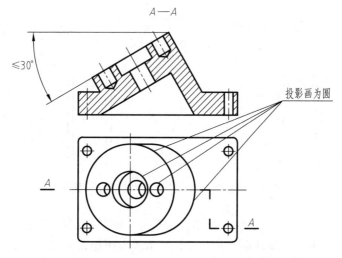

图 5-44　与投影面倾斜角度小于或等于 30°的圆或圆弧的画法

⑩ 较长的机件（轴、杆、型材、连杆等）沿长度方向形状一致或按一定规律变化时，可断开后缩短绘制，但视图中尺寸要按机件真实长度注出，如图 5-45 所示。

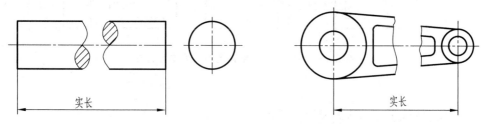

图 5-45　较长机件的断开画法

⑪ 角钢、工字钢、槽钢等型材中的小斜度结构，在一个图形中已表达清楚时，其他图形按小端投影画出，如图 5-46 所示。

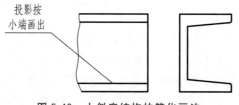

图 5-46　小斜度结构的简化画法

⑫ 在不致引起误解时，对于对称机件的视图可只画一半或四分之一，并在对称中心线的两端分别画出两条与其垂直的平行细实线，如图 5-47 所示。

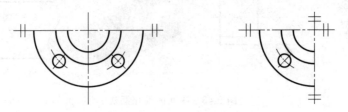

图 5-47　对称机件的简化画法

⑬ 滚花、沟槽等网状结构应用粗实线（01.2 线型）完全或部分地表示出来，如图 5-48 所示。

图 5-48　网状物、编织物或物体上的滚花的画法

⑭ 除确属需要表示的某些结构的圆角、倒角外，在不致引起误解时，其他小圆角、小倒角在图形上可不画出，但须注明尺寸，或在技术要求中加以说明，如图 5-49 所示。

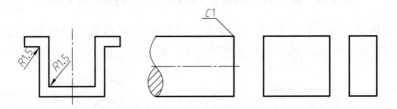

图 5-49　小圆角、小倒角的简化画法和标注

5.5　机件表达方法综合运用示例

机件的结构形状复杂多样，在实际的表达中，应当根据机件的结构特点，综合运用相应的表达方法进行恰当的表达，力求用最少的视图，完整、清晰地表达机件各部分结构形状。本节将以图 5-50（a）所示支座及图 5-51（a）所示管接头的表达为例，抛砖引玉，帮助读者强化机件表达方法相关知识。

从图 5-50（a）可以看出，该支座由五部分组成，下面是有两个圆形通孔的底板，底板左前、右前部分有圆角。底板上部连有支承板和肋板，支承板上端承有带切口的圆柱筒，圆柱筒前段有肋板支承，圆柱筒上部有两块直立耳板，耳板上有圆形通孔。

图 5-50（b）所示的表达方案中，基本视图选用主视图、俯视图和左视图。主视图表达了支承板和切口圆柱筒的结构形状，以及底板、肋板和耳板的厚度。俯视图表达了底板的结

构形状及其上两通孔的位置。左视图表达了耳板的结构形状、支承板和圆柱筒的连接关系，以及圆柱筒的长度和支承板的厚度。在主视图中，运用两个局部剖，把底板和耳板上通孔的内部结构表达清楚。俯视图运用通过支承板和肋板的 $A—A$ 全剖，既保留了底板形状的表达也把支承板的断面形状以及支承板和肋板的组合关系表达清楚。左视图的局部剖剖切位置非常重要，图示剖切位置既能把圆柱筒的内部结构表达清楚，又保留了体现支承板和圆柱筒连接关系的外部结构。此外，对于肋板结构，图示方案中还用一个移出断面图表达了肋板的断面形状。

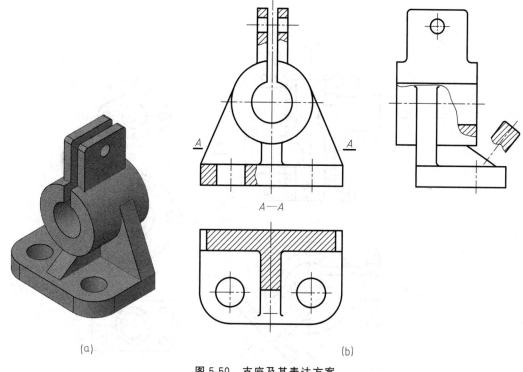

(a)　　　　　　　　　　　　　　　(b)

图 5-50　支座及其表达方案

(a) 支座；(b) 支座的表达方案

　　如图 5-51（a）所示，管接头主体为空心圆柱，上、下两端有圆形法兰结构，法兰结构上分别加工有四个均匀分布的通孔。空心圆柱两侧有带凸缘的连接管与其相贯，左边连接管的凸缘有回转结构，其上加工有两个通孔，右边连接管凸缘为方形结构，其上加工有四个通孔。

　　图 5-51（b）所示表达方案中，主视图采用 $B—B$ 旋转剖，既表达了空心圆柱、两侧连接管的内部结构，也表达了顶面和底面法兰结构上的孔以及顶面上的锪平面的内部结构。同时，主视图还表达了两侧与其相贯的连接管的相对位置。俯视图采用 $A—A$ 阶梯剖，主要用于表达左边连接管凸缘上的孔的内部结构，以及空心圆柱的内部形状。俯视图还体现了两侧连接管的相对位置，且通过 $A—A$ 阶梯剖后，下部法兰结构上孔的分布情况也得到了表达。为了表达右边连接管凸缘上孔的内部结构，在 $A—A$ 阶梯剖中做了一个 $D—D$ 的局部剖。此外，用 E 向局部视图表达了左边连接管凸缘的形状及其孔的分布，用 F 向局部视图表达了顶部法兰结构及其上面孔的分布情况，用 $C—C$ 斜剖视图表达了右侧连接管凸缘的形状及其上面孔的分布，斜剖视图配置时做了顺时针旋转。

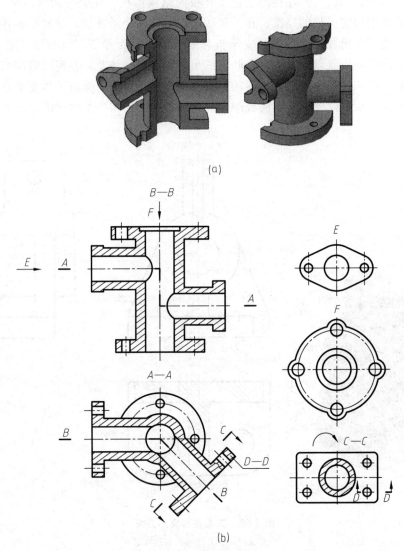

图 5-51 管接头及其表达方案

（a）管接头；（b）管接头的表达方案

在组成机器或部件的零件中，对于那些被广泛、大量、频繁使用的零件，为了设计、制造和使用方便，这些零件的型式、相关结构形状、材料、尺寸、精度和画法等通常被标准化或部分标准化。相关要求全部实现标准化的零件称为标准件，如螺栓、双头螺柱、螺钉、螺母、垫圈、键、销以及轴承等。国家标准只对其部分结构及尺寸参数进行标准化的零件称为常用件，如齿轮、弹簧等。

本章将介绍部分标准件与常用件的基本知识、规定画法、标记以及相关参数表格的查用方法。

6.1 螺纹

6.1.1 螺纹的形成

螺纹是在圆柱或圆锥表面上，具有相同牙型、沿螺旋线连续凸起的牙体。螺纹可以看作是由三角形、梯形、锯齿形等平面图形绕着和它共平面的轴线做螺旋运动而形成的轨迹，如图 6-1 所示。

在圆柱或圆锥外表面上所形成的螺纹，称为外螺纹。在圆柱或圆锥内表面上所形成的螺纹，称为内螺纹。

6.1.2 螺纹的基本要素及参数

GB/T 14791—2013、GB/T 192—2003、GB/T 193—2003、GB/T 196—2003 等国家标准规定了螺纹的基本要素及相关参数。

图 6-1 螺纹的形成

（1）牙型

螺纹的牙型是在螺纹轴线平面内的螺纹轮廓形状。常见螺纹的牙型有三角形、梯形、矩形、锯齿形和方形等。在螺纹牙型上，两相邻牙侧之间的夹角，称为牙型角。不同牙型的螺纹用途不一样，表 6-1 列出了常见的不同牙型的螺纹及用途。

表 6-1　常见的不同牙型的螺纹及用途

螺纹种类			外形及牙型	用途
连接螺纹	普通螺纹	细牙普通螺纹	60°	一般用于薄壁零件或细小的精密零件连接
		粗牙普通螺纹		一般用于机件的连接
	管螺纹	非螺纹密封的管螺纹	55°	用于管接头、旋塞、阀门及其附件
		用螺纹密封的管螺纹		用于管子、管接头、旋塞、阀门及其他螺纹连接的附件
传动螺纹		梯形螺纹	30°	用于必须承受两个方向轴向力的地方

（2）螺纹的直径

螺纹的直径分为大径、中径和小径。螺纹大径是与外螺纹牙顶或内螺纹牙底相切的假想圆柱的直径，外螺纹的大径以 d 表示，内螺纹的大径以 D 表示。除管螺纹外，螺纹的大径尺寸就是螺纹的公称直径。螺纹的小径是与外螺纹牙底或内螺纹牙顶相切的假想圆柱的直径，外螺纹的小径以 d_1 表示，内螺纹的小径以 D_1 表示。在大径和小径的假想圆柱之间有另一假想圆柱，该圆柱母线通过圆柱螺纹上牙厚与牙槽宽相等的地方，该假想圆柱称为中径圆柱。中径圆柱的直径即为圆柱螺纹的中径。外螺纹的中径以 d_2 表示，内螺纹的中径以 D_2 表示。螺纹的直径如图 6-2 所示。

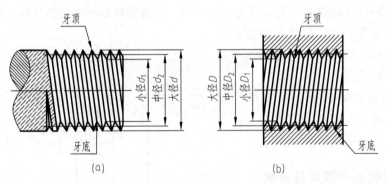

图 6-2　螺纹的直径

（a）外螺纹；（b）内螺纹

（3）线数、螺距（P）和导程（P_h）

沿着圆柱或圆锥表面运动点（该点的轴向位移与相应的角位移成定比）的轨迹叫做螺旋线，螺纹上螺旋线的起始点数量即为线数。

只有一个起始点的螺纹称为单线螺纹，具有两个或两个以上起始点的螺纹称为多线螺纹。螺距是指相邻两牙体上的对应牙侧与中径线相交两点间的轴向距离，导程是指最邻近的两同名牙侧与中径线相交两点间的轴向距离。螺纹的线数、螺距和导程如图 6-3 所示。

（4）旋向

如图 6-4 所示，螺纹有右旋与左旋两种。顺时针旋转时旋入的螺纹，称右旋螺纹，逆时针旋转时旋入的螺纹，称左旋螺纹。

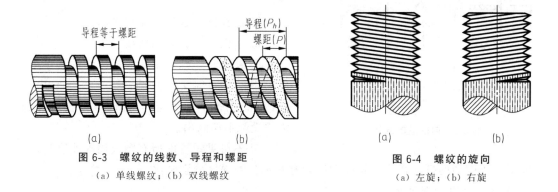

图 6-3 螺纹的线数、导程和螺距

（a）单线螺纹；（b）双线螺纹

图 6-4 螺纹的旋向

（a）左旋；（b）右旋

6.1.3 螺纹的规定画法（GB/T 4459.1—1995）

（1）外螺纹的规定画法

如图 6-5 所示，外螺纹的画法为：

① 在平行于螺纹轴线的投影面的图形中，螺纹牙顶圆的投影用粗实线画出，螺纹牙底圆的投影用细实线画出，螺杆的倒角或倒圆部分也应画出。

② 有效螺纹的终止界线（简称螺纹终止线）用粗实线表示，在剖视图中的螺纹终止线按图 6-5（b）主视图的画法绘制。

③ 螺尾部分一般不必画出，当需要表示螺尾时，该部分用与轴线成 30° 的细实线画出。

④ 不可见螺纹的所有图线用虚线绘制。

⑤ 在垂直于螺纹轴线的投影面的视图中，表示牙底圆的细实线只画约 3/4 圈（空出约 1/4 圈的位置不作规定），此时，螺杆上的倒角的投影不应画出。

⑥ 在剖视或剖面图中，剖面线都应画到粗实线。

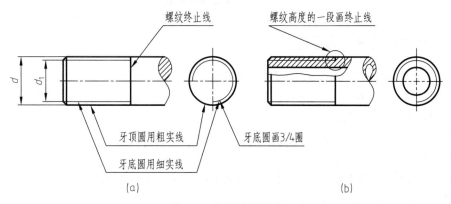

图 6-5 外螺纹的画法

（a）视图画法；（b）剖视图画法

（2）内螺纹的规定画法

如图 6-6 所示，内螺纹的画法为：

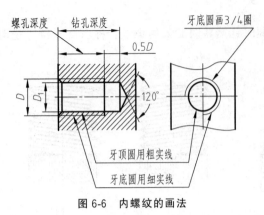

图 6-6　内螺纹的画法

① 在平行于轴线的投影面上通常画成全剖视图，螺纹牙顶圆的投影用粗实线画出，螺纹牙底圆的投影用细实线画出，且不画入倒角区。

② 螺纹终止线用粗实线表示。

③ 剖面线应画到粗实线。

④ 在垂直于螺纹轴线的投影面的视图中，表示牙底圆的细实线只画约 3/4 圈（空出约 1/4 圈的位置不作规定），此时，螺孔上的倒角的投影不应画出。

⑤ 不可见螺纹的所有图线用虚线绘制。

⑥ 对于不穿通的螺孔，应将钻孔深度和螺纹部分的深度分别画出。

（3）螺纹连接的规定画法

用剖视图表示内外螺纹的连接时，其旋合部分应按外螺纹的画法绘制，未旋合部分按各自原有的画法绘制，如图 6-7 所示。在剖切面通过螺纹轴线的剖视图中，实心螺杆按不剖绘制，如图 6-7（a）所示。

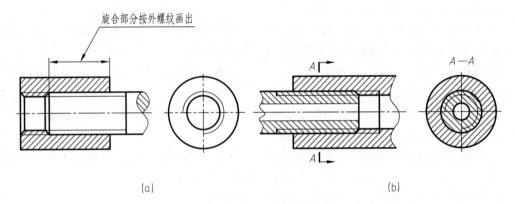

(a)　　　　　　　　　　　　　　(b)

图 6-7　螺纹连接的画法

6.1.4　常用螺纹的种类与标记

（1）普通螺纹、梯形螺纹和锯齿形螺纹的标记格式

特征代号 公称直径×导程(螺距 P)旋向-螺纹公差带代号-旋合长度代号

（2）管螺纹的标记格式

螺纹代号 尺寸代号 公差带代号-旋向

其中有几点需特别说明：

① 除管螺纹（代号为 G 或 R）外，其余螺纹公称直径均为螺纹大径。

② 右旋不标记，左旋标记"LH"。

③ 旋合长度指两个配合螺纹的有效螺纹相互接触的轴向长度。一般分为短、中、长三种，分别用 S、N、L 表示，中等旋合长度可省略不标。

④ 对于梯形螺纹的内螺纹，其公称直径是指与该内螺纹相旋合的外螺纹的大径尺寸。

表 6-2 列出了国家标准 GB/T 4459.1—1995 中常用标准螺纹的种类、特征代号与标记。

表 6-2 常用标准螺纹的种类、特征代号与标记

螺纹类型		特征代号	标注示例	说明
连接紧固用螺纹	粗牙普通螺纹	M		粗牙普通螺纹,公称直径 16mm,右旋,中径公差带和大径公差带均为 6g,中等旋合长度
	细牙普通螺纹			细牙普通螺纹,公称直径 16mm,螺距 1mm,右旋,中径公差带和小径公差带均为 6H,中等旋合长度
管用螺纹	55°非密封管螺纹	G		G 为螺纹特征代号,1 为尺寸代号,A 为外螺纹公差带代号
	55°密封管螺纹 圆锥内螺纹	Rc		R_1 为与圆柱内螺纹配合的圆锥外螺纹,R_2 为与圆锥内螺纹配合的圆锥外螺纹,1½ 为尺寸代号
	圆柱内螺纹	Rp		
	圆锥外螺纹	R_1 R_2		
传动螺纹	梯形螺纹	Tr		梯形螺纹,公称直径 36mm,双线螺纹,导程 12mm,螺距 6mm,右旋,中径公差带 7H,中等旋合长度
	锯齿形螺纹	B		锯齿形螺纹,公称直径 70mm,单线螺纹,螺距 10mm,左旋,中径公差带为 7e,中等旋合长度

6.2 常用螺纹紧固件

螺栓、螺母、垫圈、螺柱、螺钉等螺纹紧固件都属于标准件,具体的画法、尺寸和技术参数、连接方式等可从 GB/T 5780—2016、GB/T 5781—2016、GB/T 5782—2016、GB/T 5783—2016、GB/T 5785—2016、GB/T 5786—2016、GB/T 6170—2015、GB/T 6171—2016、GB/T 6175—2016、GB/T 6176—2016、GB/T 97.1—2002、GB/T 97.2—2002、GB 93—1987、GB 859—1987、GB 897—1988、GB 898—1988、GB 899—1988、GB 900—1988、GB/T 65—2016、GB/T 67—2016、GB/T 68—2016、GB/T 4459.1—1995 等系列国家标准中查到。

6.2.1 常用螺纹紧固件的比例画法及标记

螺栓、螺母、垫圈、螺柱、螺钉等常用的螺纹紧固件一般不需要画出其零件图，如需要时可采用比例画法。比例画法是以螺栓、螺柱、螺钉的公称直径 d 为依据，其他部分尺寸取值都与直径 d 成一定比例，并由此计算出相应的尺寸来近似作图。

（1）常用螺纹紧固件的比例画法

① 螺栓的比例画法

六角头螺栓的比例画法如图 6-8（b）所示。

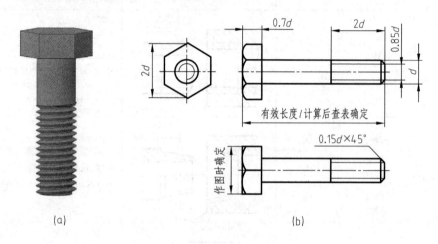

（a）   （b）

图 6-8　六角头螺栓及其比例画法

② 螺母的比例画法

六角螺母的比例画法如图 6-9（b）所示。

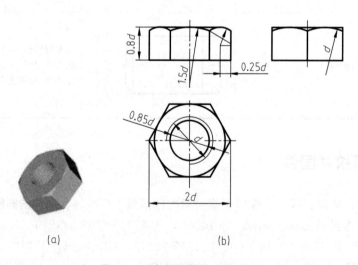

（a）   （b）

图 6-9　六角螺母及其比例画法

③ 垫圈的比例画法

常用的平垫圈和弹簧垫圈的比例画法如图 6-10（b）、（d）所示。

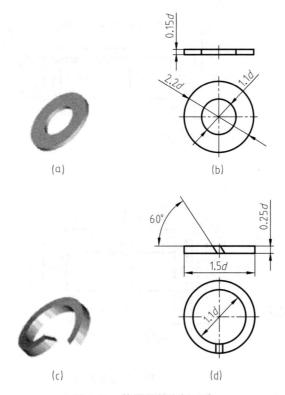

图 6-10 垫圈及其比例画法

（a）平垫圈；（b）平垫圈的比例画法；（c）弹簧垫圈；（d）弹簧垫圈的比例画法

④ 双头螺柱的比例画法

双头螺柱的比例画法如图 6-11（b）所示。

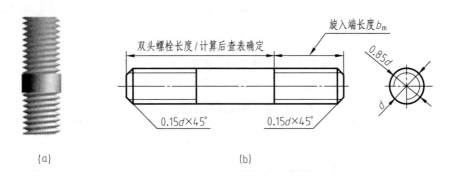

图 6-11 双头螺柱及其比例画法

⑤ 螺钉的比例画法

螺钉按用途可分为连接螺钉和紧定螺钉两种。

常用的开槽圆柱头螺钉和开槽沉头螺钉的比例画法如图 6-12（b）、（d）所示。

紧定螺钉的比例画法如图 6-13 所示。

（2）常用螺纹紧固件的标记

表 6-3 列出了部分常用螺纹紧固件的标记示例。

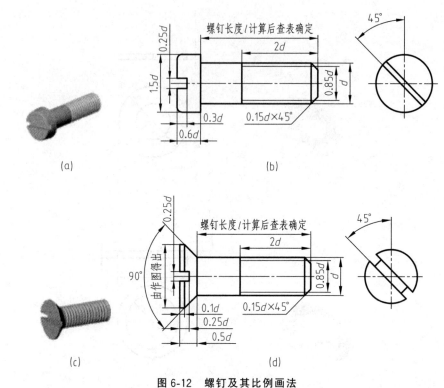

图 6-12　螺钉及其比例画法

（a）开槽圆柱头螺钉；（b）开槽圆柱头螺钉的比例画法；（c）开槽沉头螺钉；（d）开槽沉头螺钉的比例画法

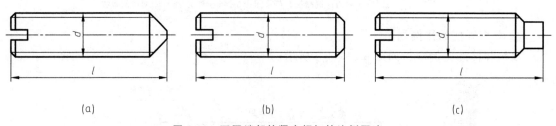

图 6-13　不同端部的紧定螺钉的比例画法

（a）锥端紧定螺钉；（b）平端紧定螺钉；（c）圆柱端紧定螺钉

表 6-3　常用螺纹紧固件的标记示例

名称	标注示例	标记及其说明
六角头螺栓		螺栓 GB/T 5782—2016 M10×30 表示：A 级六角头螺栓，螺纹规格 M10，公称长度为 30mm
六角螺母		螺母 GB/T 6170—2015 M12 表示：C 级的六角螺母，螺纹规格为 M12，不经表面处理

名称	标注示例	标记及其说明
平垫圈		垫圈 GB/T 97.1—2002 8 表示：A 级平垫圈，公称尺寸 8mm（螺纹公称直径）
弹簧垫圈		垫圈 GB 93—1987 16 表示：规格为 16mm（螺纹公称直径），材料为 65Mn，表面氧化的标准型弹簧垫圈
双头螺柱	M10 40	螺柱 GB 898—1988 M10×40 表示：B 型双头螺柱（$b_m=1.25d$），两端均为粗牙普通螺纹，螺纹规格为 M10，公称长度为 40mm
开槽圆柱头螺钉	M5 20	螺钉 GB/T 65—2016 M5×20 表示：开槽圆柱头螺钉，螺纹规格 M5，公称长度为 20mm，不经表面处理
开槽沉头螺钉	M10 40	螺钉 GB/T 68—2016 M10×40 表示：开槽沉头螺钉，螺纹规格 M10，公称长度为 40mm
开槽平端紧定螺钉	M5 12	螺钉 GB/T 73—2017 M5×12 表示：开槽平端紧定螺钉，螺纹规格 M5，公称长度为 12mm

6.2.2　螺纹紧固件连接的画法

螺纹紧固件的连接方式有螺栓连接、螺柱连接和螺钉连接三类。螺纹紧固件连接时通常采用比例画法，必要时也可采用简化画法。

（1）螺栓连接

螺栓连接的连接件通常厚度不大，能拆卸，被钻有通孔并能从两侧同时进行装配。连接时，被连接件上的通孔直径约为 $1.1d$，在制有螺纹的一端加装垫圈以防止损伤零件表面并使其受力均匀。图 6-14 所示为常用的六角头螺栓连接的比例画法和简化画法，其中简化画法省略了螺母头部的六方倒角和螺栓螺纹端倒角。

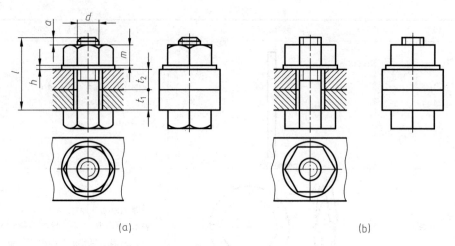

图 6-14 螺栓连接的画法

（a）比例画法；（b）简化画法

螺栓的公称长度 l 按下式计算：

$$l = t_1 + t_2 + h + m + a$$

式中，t_1、t_2 为被连接件的厚度；h 为垫圈厚度，$h = 0.15d$；m 为螺母厚度，$m = 0.85d$；a 为螺栓伸出螺母的长度，$a \approx (0.2 \sim 0.3)d$。计算出 l 后，从螺栓的标准长度系列中选取与 l 相近的标准值。

（2）双头螺柱连接

当被连接件不宜采用螺栓连接或螺钉连接时，可将较薄的被连接件制成孔径约 $1.1d$ 的通孔，较厚的被连接件制成不穿通的螺孔，然后用双头螺柱连接。双头螺柱连接时，旋入被连接件的螺孔内的一端称为旋入端，其长度为 b_m，用来拧紧螺母的一端称为紧固端。旋入端的螺纹终止线应与两零件的结合面平齐，表示旋入端已全部拧入。绘图时，应按表 6-4 所示确定旋入端的长度 b_m。不穿通的螺孔深度应大于旋入端螺纹长度 b_m，一般取螺孔深度为 $b_m + 0.5d$，钻孔深度为 $b_m + d$。

表 6-4 双头螺柱连接旋入端长度

被旋入零件的材料	钢、青铜	铸铁	铝
旋入端长度 b_m	$b_m = d$	$b_m = 1.25d$ 或 $b_m = 1.5d$	$b_m = 2d$

双头螺柱连接的比例画法和简化画法如图 6-15 所示。

双头螺柱公称长度 l 按下式计算：

$$l = t + h + m + a$$

式中各参数同螺栓连接。计算出 l 后，需从标准长度系列中选取与 l 相近的标准值。

（3）螺钉连接

① 连接螺钉连接

当被连接件受力较小，又不需要经常拆卸时，可采用连接螺钉连接。连接螺钉连接时，较厚的被连接件上制有螺纹孔，另外一个被连接件上加工有通孔，将螺钉穿过通孔旋入螺孔内，依靠螺钉头部压紧被连接件。螺钉连接的比例画法如图 6-16 所示。

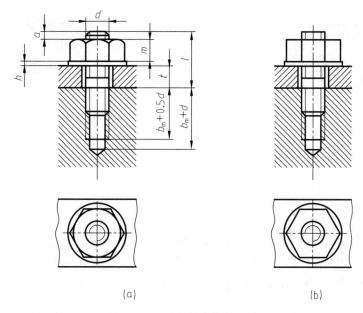

图 6-15 双头螺柱连接的画法

（a）比例画法；（b）简化画法

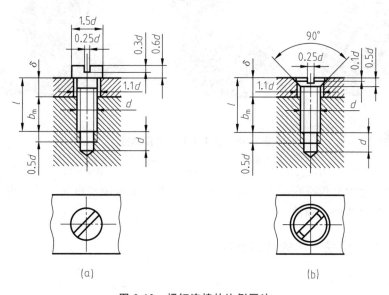

图 6-16 螺钉连接的比例画法

（a）圆柱头螺钉连接；（b）沉头螺钉连接

螺钉的旋入深度 b_m 参照表 6-4 确定。螺钉长度 l 可按下式计算：

$$l = \delta + b_m$$

式中，δ 为光孔零件的厚度。计算出 l 后，还需从螺钉的标准长度系列中选取与 l 相近的标准值。

② 紧定螺钉连接

紧定螺钉用来固定两个机件之间的相对位置，使它们不产生相对移动，如图 6-17 所示。

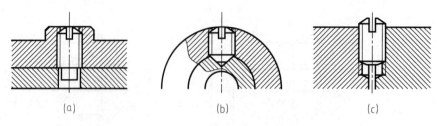

图 6-17　不同紧定螺钉连接画法
（a）开槽长圆柱端紧定螺钉连接；（b）开槽锥端紧定螺钉连接；（c）开槽平端紧定螺钉连接

6.3　齿轮

齿轮常用来进行动力传递、转速及旋向的改变。根据两啮合齿轮轴线在空间的相对位置不同，常见的齿轮传动可分为三种：用于两平行轴之间传动的圆柱齿轮、用于两垂直相交轴之间传动的圆锥齿轮、用于两交叉轴之间传动的蜗轮与蜗杆，如图 6-18 所示。

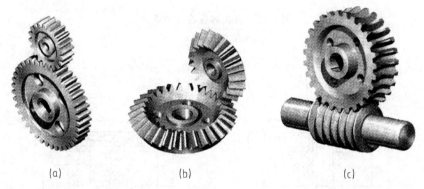

图 6-18　常见齿轮的传动形式
（a）圆柱齿轮；（b）圆锥齿轮；（c）蜗杆与蜗轮

圆柱齿轮又分为直齿圆柱齿轮、斜齿圆柱齿轮和人字齿圆柱齿轮三种。本节着重介绍直齿圆柱齿轮的参数和规定画法。

6.3.1　标准直齿圆柱齿轮的结构参数

国家标准 GB/T 3374.1—2010、GB/T 2821—2003 规定的标准直齿圆柱齿轮各部分结构及参数如图 6-19 所示。

（1）齿顶圆、齿根圆、分度圆

圆柱齿轮的齿顶曲面称为齿顶圆柱面，齿顶圆柱面被垂直于其轴线的平面所截的截线称为齿顶圆，直径用 d_a 表示。圆柱齿轮的齿根曲面称为齿根圆柱面，齿根圆柱面被垂直于其轴线的平面所截的截线称为齿根圆，直径用 d_f 表示。圆柱齿轮的分度曲面（齿轮上的一个约定的假想曲面，齿轮的轮齿尺寸均以该曲面为基准而加以确定）称为分度圆柱面，分度圆柱面与垂直于其轴线的一个平面的交线称为分度圆，直径用 d 表示。

（2）齿顶高、齿根高、齿高

齿顶曲面和分度曲面之间的轮齿部分称为齿顶高，用 h_a 表示。分度曲面和齿根曲面之

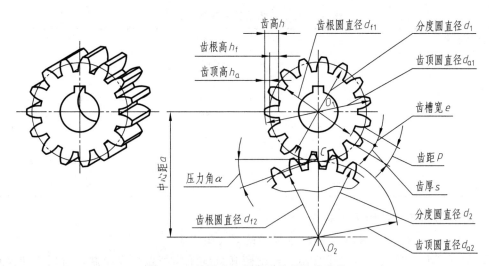

图 6-19 标准直齿圆柱齿轮结构及参数

间的轮齿部分称为齿根高，用 h_f 表示。齿顶圆与齿根圆之间的径向距离称为齿高，用 h 表示，$h = h_a + h_f$。

（3）齿距

在任意给定的方向上规定的两个相邻的同侧齿廓相同间隔的尺寸称为齿距，用 p 表示。齿距等于齿厚 s（一个轮齿齿廓在分度圆上的弧长）加齿槽宽 e（一个轮齿齿槽在分度圆上的弧长），即 $p = s + e$。

（4）模数

假设齿轮有 Z 个齿，则分度圆的周长可计算为 $\pi d = pZ$，可得 $d = (p/\pi) Z$。令 $m = p/\pi$，则 $d = mZ$。式中的 m 称为齿轮的模数。模数是设计、制造齿轮的一个重要参数，模数越大，齿厚就越大，齿轮的承载能力就越强。国家标准 GB/T 1357—2008 规定了相应的模数系列，如表 6-5 所示。

表 6-5　通用机械和重型机械用圆柱齿轮的模数系列　　　　单位：mm

第 I 系列	1　1.25　1.5　2　2.5　3　4　5　6　8　10　12　16　20　25　32　40　50
第 II 系列	1.125　1.375　1.75　2.25　2.75　3.5　4.5　5.5　(6.5)　7　9　11　14　18　22　28　36　45

注：选用模数应先选用第 I 系列，其次选用第 II 系列；括号内模数尽可能不用。

（5）压力角

齿轮传动时，两个齿轮啮合点的速度、受力方向的夹角称为压力角，用 α 表示，只有模数和压力角相等的齿轮才能相互啮合。我国标准齿轮的压力角为 20°。

（6）中心距

啮合两齿轮轴线间的距离称为中心距，用 a 表示。

模数、齿数、压力角是标准直齿圆柱齿轮的基本参数，其他参数均可由基本参数求出，如表 6-6 所示。

6.3.2　标准直齿圆柱齿轮的规定画法

国家标准 GB/T 4459.2—2003 规定了标准直齿圆柱齿轮及其啮合的相应画法。

表 6-6　标准直齿圆柱齿轮各参数关系

名称及代号	公式	名称及代号	公式
模数 m	$m=p/\pi=d/Z$	齿根圆直径 d_f	$d_f=m(Z-2.5)$
齿顶高 h_a	$h_a=m$	压力角 α	$\alpha=20°$
齿根高 h_f	$h_f=1.25m$	齿距 p	$p=\pi m$
全齿高 h	$h=h_a+h_f$	齿厚 s	$s=p/2=\pi m/2$
分度圆直径 d	$d=mZ$	齿槽宽 e	$e=p/2=\pi m/2$
齿顶圆直径 d_a	$d_a=m(Z+2)$	中心距 a	$a=(d_1+d_2)/2=m(Z_1+Z_2)/2$

（1）标准直齿圆柱齿轮的画法

如图 6-20 所示，单个标准直齿圆柱齿轮的规定画法为：

① 齿顶圆和齿顶线用粗实线绘制，分度圆和分度线用细点画线绘制，齿根圆和齿根线用细实线绘制或省略不画。

② 在剖视图中，当剖切平面通过齿轮的轴线时，轮齿一律按不剖处理，齿根线用粗实线绘制。

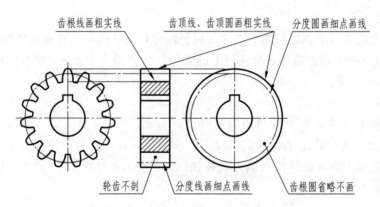

图 6-20　标准直齿圆柱齿轮的规定画法

图 6-21 是标准直齿圆柱齿轮的零件图（零件图内容见第 7 章），齿轮的参数表一般配置在图纸的右上角，参数的项目可以根据需要调整。

（2）标准直齿圆柱齿轮啮合的画法

两个标准直齿圆柱齿轮啮合的规定画法为：

① 在垂直于圆柱齿轮轴线的投影面的视图中，啮合区内的齿顶圆均用粗实线绘制。

② 在平行于圆柱齿轮轴线的投影面的视图中，啮合图的齿顶线不需要画出，节线用粗实线绘制，其他处的节线用细点画线绘制。

③ 在圆柱齿轮啮合的剖视图中，当剖切平面通过两啮合齿轮的轴线时，在啮合区内，将一个齿轮的轮齿用粗实线绘制，另一个齿轮的轮齿被遮挡的部分用虚线绘制，也可省略不画。

④ 在剖视图中，当剖切平面不通过啮合齿轮的轴线时，齿轮一律按不剖绘制。

标准直齿圆柱齿轮啮合的画法如图 6-22 所示。

通常，两啮合轮齿的齿顶线与齿根线之间有 0.25mm 的间隙，如图 6-23 所示。

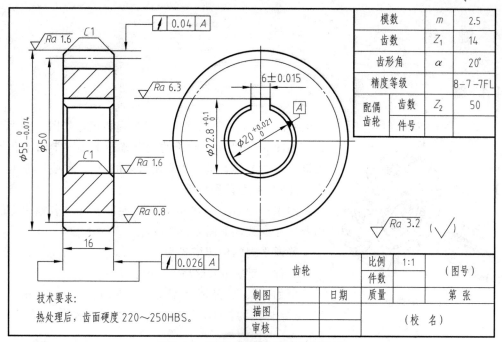

模数	m	2.5
齿数	Z_1	14
齿形角	α	20°
精度等级		8-7-7FL
配偶齿轮	齿数 Z_2	50
	件号	

技术要求:

热处理后,齿面硬度220~250HBS。

齿轮	比例	1:1	(图号)
	件数		
制图	日期	质量	第 张
描图		(校 名)	
审核			

图 6-21　标准直齿圆柱齿轮的零件图

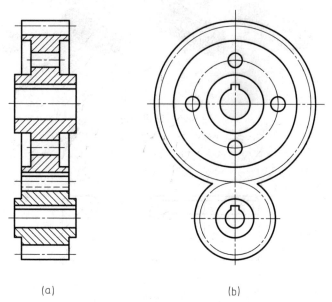

(a)　　　　　　　　　　(b)

图 6-22　标准直齿圆柱齿轮啮合的画法

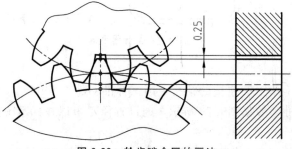

图 6-23　轮齿啮合区的画法

6.4 键、销

6.4.1 键

键是一种标准件，主要用于轴和齿轮、皮带轮等的连接，以传递扭矩，如图 6-24 所示。

图 6-24 键连接

如图 6-25 所示，常用的键有普通平键、半圆键和钩头楔键等，本节将着重介绍应用最多的 A 型普通平键。

（1）A 型普通平键

国家标准 GB/T 1096—2003 规定了 A 型普通平键的结构及尺寸参数，如图 6-26 所示。

普通平键的标记格式为：

名称　键宽 b×键高 h×键长 L

例如，A 型普通平键，$b=8mm$，$h=7mm$，$L=25mm$，标记为：GB/T 1096—2003 键 $8×7×25$。

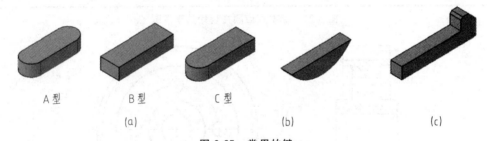

A 型　　　　B 型　　　　C 型

（a）　　　　　　　　　　（b）　　　　　　　　　　（c）

图 6-25 常用的键

（a）普通平键；（b）半圆键；（c）钩头楔键

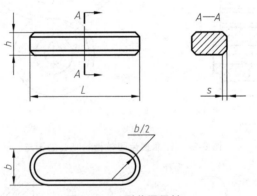

图 6-26 A 型普通平键

（2）键槽

键槽是轴或轮毂上用于键连接的结构。国家标准 GB/T 1095—2003 规定的轴和轮毂上键槽的表示方法和尺寸参数如图 6-27 所示，通过直径 d 可以在标准中查出键槽的相关参数。

（3）键连接

普通平键的两个侧面是工作面，依靠其来传递动力。在键连接中，键的侧面和底面分别

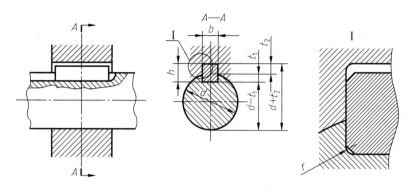

图 6-27 轴和轮毂上的键槽

与键槽侧面和轴接触,接触面处的投影只画一条轮廓线,键顶面是非工作面,它与轮毂的键槽之间留有间隙,投影必须画两条轮廓线。在键长度方向的剖视图中,键按不剖处理。当键被剖切面横向剖切时,则需画出剖面线。图 6-28 为国家标准 GB/T 1095—2003 规定的 A 型普通平键连接的画法。

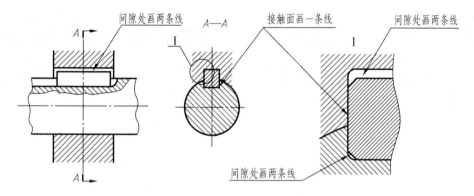

图 6-28 A 型普通平键连接的画法

6.4.2 销

销常用于零件之间的连接、定位和防松。常用的有圆柱销、圆锥销和开口销等。表 6-7 列出了销的形式、标记示例及画法。

表 6-7 销的形式、标记示例及画法

名称	标准号	图例	标记示例
圆锥销	GB/T 117—2000	$r_1 \approx d \quad r_2 \approx a/2 + d + (0.021)^2/8a$	公称直径 $d = 6\text{mm}$,长度 $l = 30\text{mm}$,材料 35 钢,热处理硬度 28～38HRC,表面氧化处理的 A 型圆锥销,标记为:销 GB/T 117—2000 6×30

续表

名称	标准号	图例	标记示例
圆柱销	GB/T 119.1—2000		公称直径 $d=6$mm,公差为 m6,公称长度 $l=30$mm,材料为钢,不经淬火,不经表面处理的圆柱销,标记为:销 GB/T 119.1—2000　6m6×30
开口销	GB/T 91—2000		公称直径 $d=5$mm,公称长度 $l=50$mm,材料为 Q215 或 Q235,不经表面处理的开口销,标记为:销 GB/T 91—2000 5×50

　　圆锥销和圆柱销用于连接零件或定位,开口销用于螺纹连接的装置中,以防止螺母的松动。用圆柱销或圆锥销连接或定位零件时,被连接两零件的销孔必须在装配时一起加工,在零件图上需注明"与××配作"。图 6-29 所示为销连接的画法。

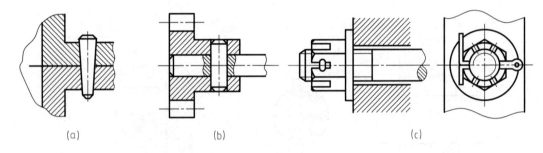

(a)　　　　　　　　(b)　　　　　　　　(c)

图 6-29　销连接的画法

(a) 圆锥销连接的画法;(b) 圆柱销连接的画法;(c) 开口销连接的画法

6.5　滚动轴承

　　轴承是用来支承轴的,分为滑动轴承和滚动轴承两类。本节只介绍滚动轴承及其画法。

6.5.1　滚动轴承的种类与结构

　　滚动轴承一般由外圈、内圈、滚动体和保持架组成。如图 6-30 所示,根据所承受载荷的方向,常用的三种滚动轴承为:向心轴承,主要承受径向载荷,如深沟球轴承;推力轴承,主要承受轴向载荷,如推力球轴承;向心推力轴承,同时承受径向载荷和轴向载荷,如圆锥滚子轴承。

6.5.2　滚动轴承的代号

　　滚动轴承的代号由基本代号、前置代号和后置代号构成。其中,基本代号表示轴承的基本类型、结构和尺寸,是轴承代号的基础。轴承外形尺寸符合 GB/T 273.1—2023、GB/T 273.2—2018、GB/T 273.3—2020、GB/T 3882—2017 任一标准的规定,其基本代号由轴承

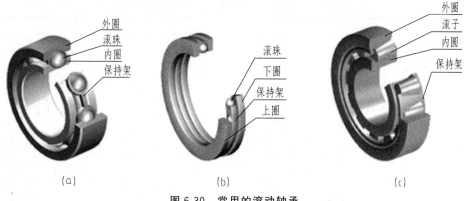

图 6-30 常用的滚动轴承

（a）深沟球轴承；（b）推力球轴承；（c）圆锥滚子轴承

类型代号、尺寸系列代号、内径代号构成。

表 6-8 列出了部分轴承类型代号。

表 6-8 部分轴承类型代号（摘自 GB/T 272—2017）

代号	轴承类型	代号	轴承类型
0	双列角接触球轴承	7	角接触球轴承
1	调心球轴承	8	推力圆柱滚子轴承
2	调心滚子轴承和推力调心滚子轴承	N	圆柱滚子轴承
3	圆锥滚子轴承		双列或多列用字母 NN 表示
4	双列深沟球轴承	U	外球面球轴承
5	推力球轴承	QJ	四点接触球轴承
6	深沟球轴承	C	长弧面滚子轴承（圆环轴承）

注：在代号后或前加字母或数字表示该类轴承中的不同结构。

尺寸系列代号和内径代号可查阅 GB/T 272—2017。轴承基本代号示例如下：

深沟球轴承 6203，6 为类型代号，2 为尺寸系列（02）代号，03 为内径代号，$d = 17\text{mm}$。

6.5.3 滚动轴承的画法

国家标准 GB/T 4459.7—2017 规定了滚动轴承的三种画法：通用化法、特征画法、规定画法。其中通用画法和特征画法都属于简化画法，规定画法属于比例画法。滚动轴承的通用画法见表 6-9，常用滚动轴承的特征画法和规定画法见表 6-10。

表 6-9 滚动轴承的通用画法

通用画法	外圈无挡边	内圈有单挡边

表 6-10　常用滚动轴承的特征画法和规定画法

名称、标准号和代号	尺寸参数	规定画法	特征画法	装配示意图
深沟球轴承 60000	D d B			
圆锥滚子轴承 30000	D d B T C			
推力球轴承 50000	D d T			

6.6　弹簧

常见的弹簧有螺旋弹簧、板弹簧、碟形弹簧等。根据受力情况的不同，常用的螺旋弹簧又分为：压缩弹簧、拉伸弹簧、扭转弹簧。本节主要介绍圆柱螺旋压缩弹簧参数及其画法。

6.6.1　圆柱螺旋压缩弹簧的参数及尺寸关系

圆柱螺旋压缩弹簧的参数及尺寸关系见表 6-11。

表 6-11　**圆柱螺旋压缩弹簧的参数及尺寸关系**（摘自 GB/T 1805—2021、GB/T 43074—2023）

名称	符号	说明	图例
材料直径	d	制造弹簧用的材料直径	
弹簧中径	D	螺旋弹簧圈的弹簧内径与弹簧外径的平均值	
弹簧内径	D_i	弹簧圈的内侧直径，$D_i=D-d$	
弹簧外径	D_e	弹簧圈的外侧直径，$D_e=D+d$	
有效圈数	n	除两端非有效圈外的总的圈数	
支承圈圈数	n_z	螺旋压缩弹簧中不起弹性作用的端圈	
总圈数	n_t	压缩弹簧簧圈总数，包括两端非有效圈，即 $n_t=n+n_z$	
弹簧节距	p	弹簧在自由状态时，两相邻有效圈截面中心线之间的轴向距离	
自由长度	L_0	无负荷状态下的总长度 $L_0=np+(n_z-0.5)d$	
展开长度	L	弹簧材料展开成直线时的总长度，$L\approx\pi Dn_t$	
旋向	RH/LH	从弹簧一段开始观察，簧圈消失的方向。顺时针方向为右旋，逆时针方向为左旋	

6.6.2　圆柱螺旋压缩弹簧的画法

国家标准 GB/T 4459.4—2003 规定了圆柱螺旋压缩弹簧的简化画法，其主要规定为：

① 在平行于螺旋弹簧轴线的投影面的视图中，其各圈的轮廓应画成直线。

② 有效圈数在四圈以上的螺旋弹簧中间部分可省略，允许适当缩短图形的长度。

③ 螺旋弹簧均可画成右旋，对必须保证的旋向要求应在"技术要求"中注明。

④ 螺旋压缩弹簧如要求两端并紧且磨平时，不论支承圈的圈数和末端贴紧情况如何，均按图 6-31（d）的形式画出。

图 6-31 所示为圆柱螺旋压缩弹簧的画法及步骤。

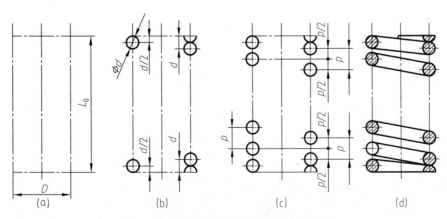

图 6-31　圆柱螺旋压缩弹簧的画法及步骤

① 根据中径 D 及自由高度 L_0 画矩形。

② 按簧丝直径 d 画支承圈簧丝部分的圆与半圆。

③ 根据节距 p 画部分有效圈的簧丝断面。

④ 按右旋方向作出相应簧丝断面圆的公切线及剖面线，校核，加粗描深。

6.6.3 圆柱螺旋压缩弹簧在装配图中的画法

国家标准 GB/T 4459.4—2003 规定，装配图中被弹簧挡住的结构一般不画出，可见部分应从弹簧的外轮廓线或从弹簧钢丝剖面的中心线画起，如图 6-32（a）所示。型材尺寸较小（直径或厚度在图形上等于或小于 2mm）的螺旋弹簧被剖切时，可用涂黑表示，如图 6-32（b）所示，也允许用示意图表示，如图 6-32（c）所示。

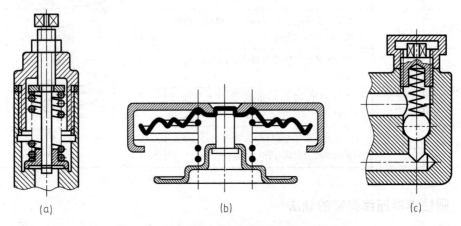

图 6-32　圆柱螺旋压缩弹簧在装配图中的画法

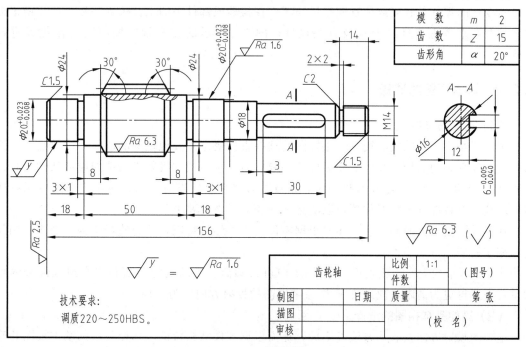

第**7**章 零件图

除标准件外，其他零件均需绘制零件图。零件图是表示零件的结构、大小和技术要求的图样，是生产中进行加工制造与检验零件质量的重要技术性文件。本章将深入阐述画零件图和读零件图的相关内容。

7.1 零件图的内容

如图 7-1 所示，一张完整的零件图应包括以下四个方面的内容：

① 一组完整的视图。根据零件的结构特征，选择恰当的表达手段，设计最简明的表达方案，用一组完整的视图将零件的结构和形状完整、清晰地表达出来。

② 完整的尺寸标注。正确、完整、清晰、合理地标注出确定零件各部分的结构大小以及相对位置的尺寸。

③ 必要的技术要求。用规定的符号、代号、标记和简要的文字，对零件的材料、加工、

模　　数	m	2
齿　　数	Z	15
齿形角	α	20°

技术要求：
调质220~250HBS。

齿轮轴		比例	1:1	（图号）
		件数		
制图		日期	质量	第　张
描图				（校　名）
审核				

图 7-1　齿轮轴零件图

检验及测量所要达到的技术指标和要求进行标注和说明。

④ 标题栏。在图样的右下角按相应格式画出标题栏，对零件名称、材料、数量、比例、图的编号以及设计、描图、绘图、审核人员的签名等信息进行说明。

7.2　零件图的视图选择

零件图视图选择时，应根据零件的结构特征，选择恰当的视图，并运用合理的表达方法，设计最简明的表达方案，用一组完整的视图将零件的结构形状完整、清晰地表达出来。零件图视图的选择包括基本视图的选择、其他视图的选择以及表达方法的选择。

在进行零件图视图选择之前，必须要对所表达的零件进行零件分析，并确定零件的安放位置。

7.2.1　零件分析及安放位置的确定

（1）零件分析

零件分析就是在形体分析、线面分析的基础上进一步对零件进行结构分析，搞清楚零件上有哪些特征结构，比如倒角、键槽、退刀槽、肋、凸台、榫头等。

（2）确定安放位置

确定零件的安放位置应考虑两个方面：

① 零件加工时所处的位置。零件应尽量按照其加工时在机床上的装夹位置安放，这样在加工时可以直接进行图物对照。如图 7-1 所示的齿轮轴，其加工时大部分工序是在车床或磨床上进行，因此应按其加工时所处位置将其轴线水平放置。

② 零件工作时所处的位置。对于结构形状比较复杂，加工工序较多，加工时的装夹位置经常变化的零件，其安放位置应尽量与零件在机器或部件中的工作位置一致，这样便于根据装配关系来考虑零件的形状及有关尺寸。图 7-2 所示的支座就应按照其工作位置进行安放。

7.2.2　基本视图的选择

（1）主视图选择

主视图是零件图的核心视图，主视图的选择直接决定了其他视图的选择，以及绘图、读图的方便和图幅的利用。零件的安放位置确定以后，主视图的投射方向选择应遵从"形状特征原则"，即将最能反映零件形状特征的方向作为主视图的投射方向，同时主视图应尽可能多地反映零件各部分的相对位置，以满足清晰表达零件的要求。

在主视图投射方向确定后，还要根据零件的内外结构特征，综合选择全剖、半剖、局部剖等相应的表达方法。

图 7-2 所示的支座，相较于 A 向，B 向可将圆筒、支承板的形状和四个组成部分的相对位置表达得更为清晰，故以 B 向作为主视图的投射方向更为合理。

（2）其他基本视图的选择

主视图投射方向及表达方法确定后，还需根据零件结构特征，选择其余的基本视图并确定每个基本视图的表达方法。其余的基本视图选择的原则是，使每个所选视图具有独立存在

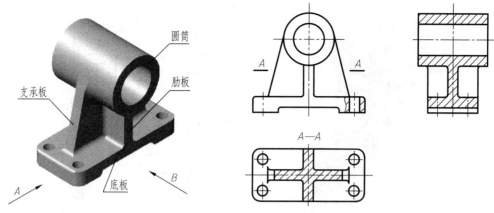

图 7-2 支座主视图投射方向的选择

的意义及明确的表达重点，注意避免不必要的细节重复，用尽量少的视图把零件的结构形状尽量多地表达出来，力求做到表达完整、清晰。

7.2.3 其他视图的选择

通常，仅用基本视图很难做到把零件的真实结构形状表达清楚。在基本视图确定以后，要基于零件分析，进一步分析该零件在基本视图中还有哪些尚未表达清楚的结构，对这些结构的表达，应以基本视图为基础，综合选用局部视图、斜视图、局部放大图、断面图等辅助的表达手段进行表达，以把零件的结构形状完整、清晰地表达出来。

同一零件的表达方案不是唯一的，要按照"完整、清晰"的要求综合考虑，反复比较、调整、完善，以确定最佳表达方案。

图 7-3（a）所示机架的三个表达方案中，方案（b）、（c）主视图相同，方案（b）中左视图、俯视图均采用全剖视图，外加一个 $B—B$ 的局部剖视图和一个移出断面图。相较于方案（b），方案（c）中左视图选用局部剖视图，减少了 $B—B$ 的局部剖视图，同时用一个断面图表达机架支承板和肋板断面的形状，省去了俯视图。相较之下方案（c）优于方案（b）。方案（d）中，按机架工作位置绘制主视图并采用局部剖视图，同时在主视图上运用一个重合断面图，表示肋板结构，在左视图上运用一个重合断面图表示支承板的断面结构。方案（c）和方案（d）相比，方案（d）更加简单明了，看图方便，绘图也简便。综合比较，方案（d）为最优表达方案。

要特别指出的是，零件图视图选择时，不管是基本视图的选择还是其他视图的选择，都要兼顾国家标准中相关的简化画法和规定画法的应用。

7.2.4 典型零件的视图表达方案示例

生产过程中实际使用的零件结构形状千变万化，比较复杂。对一般典型零件，通常根据它们在机器或部件中的作用、结构特征以及加工制造方面的特点，大致分为轴套类零件、盘盖类零件、叉架类零件和箱体类零件。

（1）轴套类零件

轴套类零件包括轴类零件和套类零件。轴类零件主要用于支承传动零件、传动扭矩和承

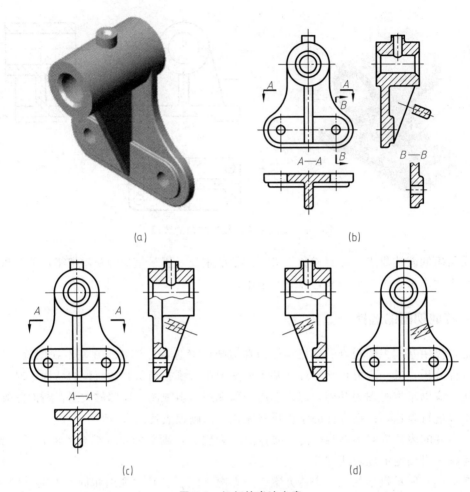

(a)   (b)

(c)   (d)

图 7-3　机架的表达方案

受载荷，根据结构形状的不同，可分为光轴、阶梯轴、空心轴和曲轴等。套类零件主要用于支承和保护传动零件或其他零件，一般是装在轴上，起轴向定位、传动或连接作用。轴套类零件主要由大小不同的同轴回转结构组成，轴向尺寸远大于径向尺寸。根据使用和加工工艺要求，轴向常有诸如键槽、退刀槽、砂轮越程槽、轴肩、花键、中心孔、螺纹、倒角等工艺结构。

　　轴套类零件的加工工序主要是在车床或磨床上进行。视图选择时，轴套类零件通常按加工位置将零件轴线水平放置，以反映轴向结构形状，然后再根据零件上的工艺结构特征选择恰当的主视图投射方向。轴套类零件主视图通常采用局部剖视图表达轴套上的孔、槽等结构。轴套上的典型工艺结构，往往采用断面图、局部放大图、局部视图等表达方法进行表达。

　　轴套类零件视图表达方案示例见图 7-1 所示齿轮轴零件图。

　　（2）盘盖类零件

　　盘盖类零件包括盘类零件和盖类零件，其主要作用是轴向定位、防尘和密封。盘盖类零件多为扁平回转结构，厚度方向的尺寸比其他两个方向的尺寸小，盘盖上常有沉孔、螺孔、销孔、凸台、筋、轮辐、减轻孔等结构。盘盖类零件的毛坯多为铸件或锻件，其上主要安装、定位孔的加工大多在车床上进行。视图选择时，盘盖类零件通常按主要安装、定位孔的加工位置放置，即主要安装、定位孔的轴线水平放置。但对于一些结构比较复杂，加工工序较多的盘盖类零件，也可按工作位置放置。

　　盘盖类零件视图选择时，多选用主视图、左视图或右视图两个基本视图。根据不同的结构特征，主视图常采用全剖视图、半剖视图、局部剖视图等表达手段，以反映主要安装、定位孔的内部结构形状，以及盘盖上的轮缘、轮辐及轮毂等部分的相对位置。用左视图或右视图表示零件外形及均布的孔、槽、肋、轮辐等结构。此外，根据盘盖类零件结构形状的复杂程度，有时还需采用局部视图、局部放大图、断面图等表达方法进行表达。

　　盘盖类零件视图表达方案示例见图 7-4 所示端盖零件图。

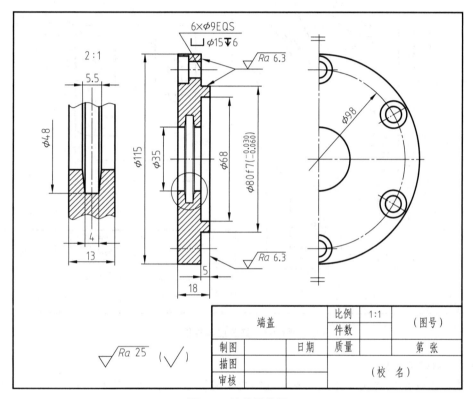

图 7-4　端盖零件图

（3）叉架类零件

　　叉架类零件包括拨叉和支架。拨叉主要用在机器的操纵机构上操纵机器或调节速度，支架主要用于支承和连接。大多数叉架类零件的主体都可以看作是由三部分组成：①起承托作用的工作部分，如承托轴、轴套等；②起中间连接、支承作用的连接、支承部分，如连杆、支承筋或板等；③起基础固定作用的固定部分，如底板、底座等。叉架类零件大多是铸件或锻件，其外形复杂，形状不规则，常带有弯曲和倾斜结构，具有油槽、油孔、螺孔、沉孔、肋、板、杆、筒、座、凸台、凹坑、拔模斜度等局部结构。

　　叉架类零件加工工序较多，加工装夹位置变化较多，视图选择时，通常按工作位置进行放置。在选择主视图投射方向时，叉架类零件的主要轴线或平面应平行或垂直于投射方向。当工作位置是倾斜的或不固定时，可将其放正后再进行主视图投射方向选择。叉架类零件的基本视图一般不少于两个，基本视图的剖切方法比较灵活。基本视图上没有表达清楚的结构常用斜视图、局部视图、断面图、局部放大图等进行表达。

叉架类零件视图表达方案示例见图 7-5 所示踏脚座零件图。

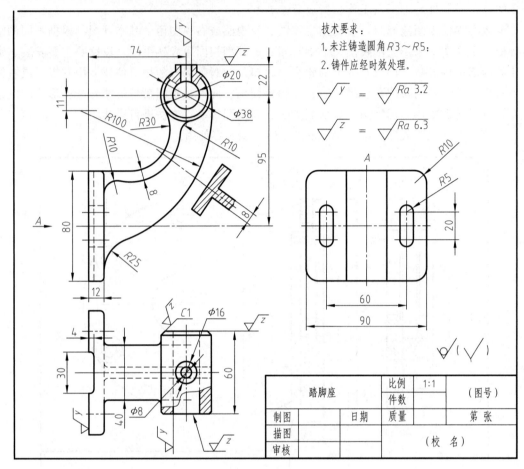

图 7-5　踏脚座零件图

（4）箱体类零件

箱体类零件是机器或部件的重要基础零件，其主要用于承托轴瓦、套、轴颈、轴承等，包容轴、齿轮、蜗轮蜗杆等，将轴、轴承和齿轮等零件按一定的相互位置关系装配成一个整体，并按预定的传动关系协调其运动。

箱体类零件内部通常有不同形状的大的空腔，空腔壁上有用于容纳、支持其他零件的多方向上的孔。其中，传动轴的轴承孔系是其最重要的结构。箱体类零件外部通常有加强肋、凸台、凹坑、铸造圆角、拔模斜度、安装底板、安装孔等常见结构。

箱体类零件毛坯通常为铸件，箱体上的孔一般用钻、扩、铰、镗等方式进行加工，加工位置变化较多。由于箱体类零件在机器或部件中的安装位置相对固定，视图选择时通常按工作位置进行放置。箱体类零件基本视图一般需要三个或三个以上，通常把主要表面的加工位置或最能反映形状特征和相对位置关系的一面作为主视图的投射方向，并采用剖视图表达，以重点反映其内部结构。局部结构采用局部视图、局部剖视图、断面图、斜视图等进行表达。

箱体类零件视图表达方案示例见图 7-6 所示泵体零件图。

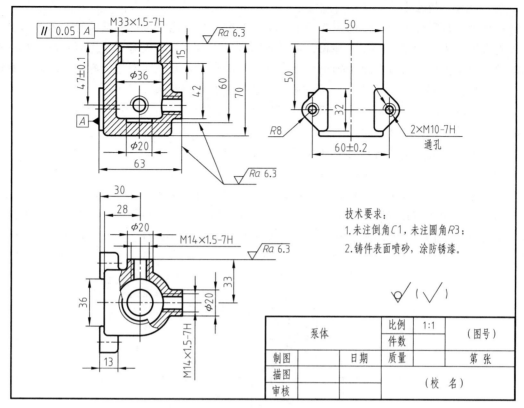

图 7-6 泵体零件图

7.3 零件图的尺寸标注

零件图的尺寸是加工和检验零件的重要依据，零件的结构大小及各结构间的相对位置必须通过尺寸标注来说明。

7.3.1 尺寸基准的选择

零件图的尺寸标注和组合体的尺寸标注类似，其标注也必须正确、完整、清晰、合理。零件图的尺寸标注和组合体的尺寸标注最大的区别在于零件图尺寸标注对于"合理"的要求更高，也更为具体。零件图中所谓尺寸标注"合理"就是要使尺寸标注符合生产实际，方便加工与测量，保证既达到零件的设计要求又满足零件的工艺要求。

零件图中，为了做到尺寸标注的"合理"，必须对零件进行工艺分析，然后根据分析确定尺寸基准。尺寸基准有两个作用：①设计时，确定零件上几何元素的位置或零件在机器或部件中的位置；②加工时，确定测量尺寸的起点位置。根据作用的不同，尺寸基准可分为设计基准和工艺基准两类。

设计基准：用来确定零件上几何元素的位置或零件在机器或部件中的位置的面、线、点等几何元素。通常选作设计基准的几何元素有零件的轴线、对称中心线、对称面、重要的定位面、重要的端面和底面等。

工艺基准：用来确定零件在加工、制造、检验时的装夹位置、刀具位置以及测量位置的面、线、点等几何元素。

设计基准是零件尺寸标注的主要基准，工艺基准有时可能与设计基准重合，若不与设计基准重合则称为辅助基准。在零件长、宽、高的每个方向上都必须有一个主要基准，根据实际需要，每个方向上可以有多个辅助基准，辅助基准与主要基准之间必须有尺寸联系。对于轴套类和轮盘类零件，尺寸基准方向通常称为轴向基准和径向基准。

尺寸基准选择时要遵从"基准重合原则"，即尽可能使设计基准与工艺基准一致。这样，既能满足设计要求，又能满足工艺要求，从而减少尺寸误差。当设计基准与工艺基准不一致时，应以设计基准为主，将重要尺寸从设计基准注出，次要尺寸从工艺基准注出。

图 7-7 中，轴承座长度方向和宽度方向的设计基准是这两个方向的对称面。高度方向上，轴承座各结构的准确位置应根据底面来设计确定，因此底面是高度方向的设计基准，中心孔的高度尺寸 30 和顶端凸台的定位尺寸 57 均应由该基准直接注出。顶面上螺纹孔的深度尺寸 10 是以顶面为工艺基准注出，以便于加工测量，57 是该辅助基准和主要基准的联系尺寸。

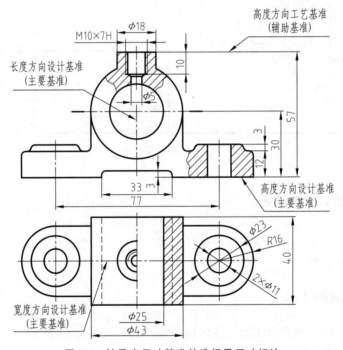

图 7-7　轴承座尺寸基准的选择及尺寸标注

图 7-8 中的齿轮轴，从图 7-8（a）的装配关系中可以看出，确定其在箱体中轴向安装位置的是 $\phi24$ 轴段左边的轴肩，确定径向安装位置的是该齿轮轴的轴线，因而轴向设计基准是 $\phi24$ 轴段左边的轴肩，径向设计基准是该齿轮轴的轴线。齿轮轴在车床上加工时，车刀每次的车削位置，都是以左边的端面为基准来定位的，所以在标注轴向尺寸时，应选择左端面作为工艺基准。在径向上，齿轮轴的轴线与加工时车床主轴的轴线一致，设计基准和工艺基准重合。

7.3.2　尺寸标注应注意的问题

零件图尺寸标注时，除了要遵从组合体部分所述尺寸标注的要求和注法外，还需注意以

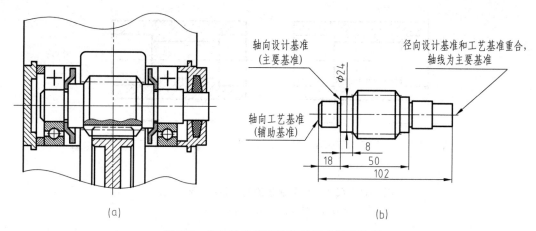

图 7-8　齿轮轴的装配关系及尺寸基准选择

下问题。

①重要尺寸应从设计基准直接注出。直接影响零件在机器或部件中的工作性能和准确位置的重要尺寸，如零件装配时的配合尺寸、重要的安装尺寸和定位尺寸等，必须从设计基准直接注出。如图 7-9 所示的轴承座，轴承孔的中心高 h_1 和安装孔的间距尺寸 l_1 必须从设计基准直接注出，以避免尺寸误差的累积。

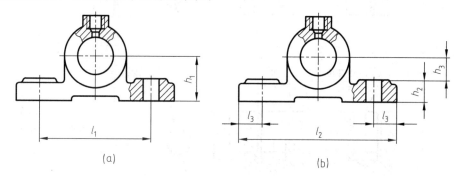

图 7-9　重要尺寸应从设计基准直接注出
（a）合理标注；（b）不合理标注

②尺寸标注要便于测量和检验。零件图尺寸标注要便于测量和检验，如图 7-10、图 7-11 所示。

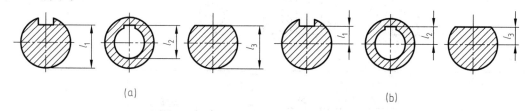

图 7-10　尺寸标注要便于测量和检验示例（一）
（a）合理标注；（b）不合理标注

7.3.3　零件上常见结构要素的尺寸注法

表 7-1 列出了零件上常见结构要素的尺寸注法。

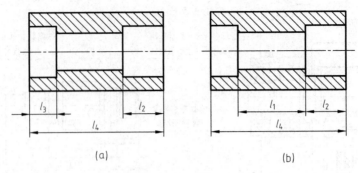

图 7-11　尺寸标注要便于测量和检验示例（二）

(a) 合理标注；(b) 不合理标注

表 7-1　零件上常见结构要素的尺寸注法

结构要素	标注方法	说明
螺纹通孔	4-M8　　　4-M8　　　4-M8	4 个 M8 的螺纹通孔
螺纹盲孔	4-M8▼10　4-M8　4-M8▼10 孔▼12　　　　　　孔▼12	4 个 M8 的螺纹盲孔，螺孔深 10，钻孔深 12
普通孔	4-φ6▼12　4-φ6　4-φ6▼12	4 个 φ6、深 12 的孔
精加工孔	4-φ6▼10　4-φ6　4-φ6▼10 孔▼12　　　　　　孔▼12	4 个 φ6、钻孔深 12、精加工深 10 的孔

结构要素	标注方法	说明
锥销孔	锥销孔ϕ5 配作　　锥销孔ϕ5 配作	小头直径为ϕ5的圆锥销孔
锥形沉孔	4×ϕ6 ∨ϕ12×90°　　4×ϕ6 ∨ϕ12×90°　　90° ϕ12　4×ϕ6	4个ϕ6、带锥形埋头的孔,锥孔口径为12,锥面顶角为90°
柱形沉孔	4×ϕ6 ⊔ϕ12↧4　　4×ϕ6 ⊔ϕ12↧4　　ϕ12　4　4×ϕ6	4个ϕ6、带圆柱形沉头的孔,沉孔直径12,深4
锪平面	4×ϕ6 ⊔ϕ12　　4×ϕ6 ⊔ϕ12　　ϕ12　4×ϕ6	4个ϕ6带锪平的孔,锪平孔直径为12,锪平孔不需要标注深度,锪平到没毛面为止

7.3.4　零件图的尺寸标注示例

图7-12为零件图尺寸标注示例。

阀盖上有较多同轴回转结构,因而以阀盖主要中心孔轴线作为径向主要尺寸基准,分别注出直径尺寸ϕ28.5、ϕ20、ϕ35、ϕ41、ϕ50h11($^{+0}_{-0.16}$)、ϕ53,以及左端外螺纹的尺寸M36×2-6g。

因阀盖上有一个方形凸缘结构,所以分别以阀盖的上下、前后对称面为高度和宽度方向主要尺寸基准,分别注出方形凸缘高度方向和宽度方向的尺寸75、75,以及四个安装孔的定位尺寸49、49。

以阀盖有配合需要的ϕ50h11($^{+0}_{-0.16}$)凸台结构的右端面作为长度方向的主要尺寸基准,由此注出$4^{+0.18}_{-0}$、$44^{+0}_{-0.39}$、5、6等尺寸。从$44^{+0}_{-0.39}$确定的辅助基准(阀盖左端面)出发,标注尺寸5、15。从尺寸6确定的辅助基准(方形凸缘右端面)出发,标注尺寸12。

其他尺寸请读者自行分析。读者亦可以图7-1、图7-4~图7-6为例,自行分析各类典型零件的尺寸注法。

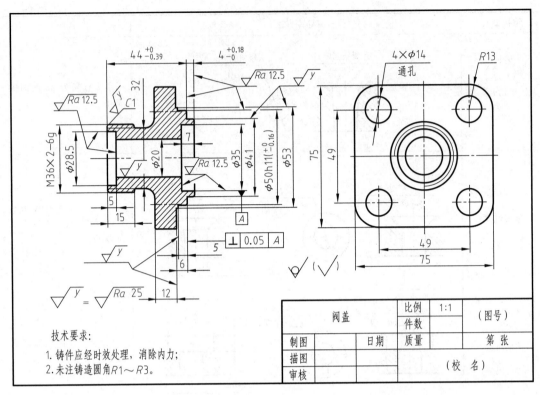

图 7-12　阀盖零件图

7.4　零件上常见的工艺结构

零件结构设计时，应考虑零件加工工艺的要求，使零件的结构既满足使用上的要求，又方便加工制造。本节将介绍零件上一些常见的工艺结构。

7.4.1　铸造零件的工艺结构

（1）拔模斜度

铸造零件毛坯时，为了将毛坯从砂型中顺利取出，在沿脱模方向的内外壁上应有适当的拔模斜度，如图 7-13 所示。拔模斜度通常在技术要求中用文字说明。

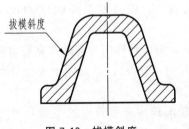

图 7-13　拔模斜度

（2）铸造圆角

在铸件的表面相交处，应设计有铸造圆角，如图 7-14（a）所示。这样既可方便毛坯脱模，还可避免铸件冷却时在转角处产生缩孔和裂纹，如图 7-14（b）所示。铸造圆角常注写在技术要求中。

（3）铸件壁厚

如图 7-15 所示，铸件加工时，其壁厚应尽量均匀或采用逐渐过渡的结构，否则铸件冷却时就容易产生缩孔和裂纹。

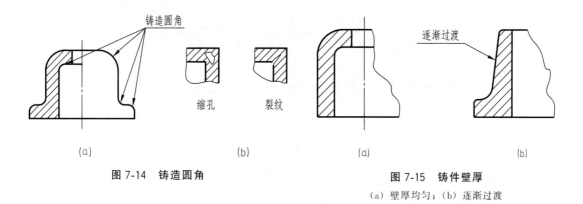

图 7-14 铸造圆角

图 7-15 铸件壁厚

（a）壁厚均匀；（b）逐渐过渡

（4）过渡线

铸件两个非切削表面相交处要设计成铸造圆角，这样两个表面的交线就变得不明显，这种交线称为过渡线。当过渡线的投影不与面的投影重合时，过渡线应按其理论交线的投影用细实线绘出，但两端要与其他轮廓线断开，如图 7-16、图 7-17 所示。

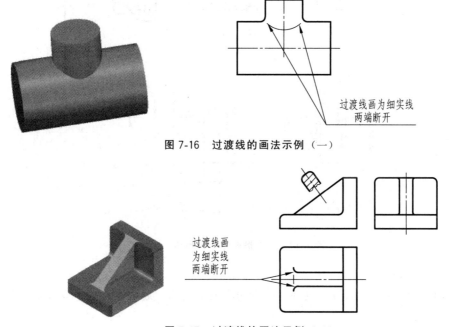

图 7-16 过渡线的画法示例（一）

图 7-17 过渡线的画法示例（二）

7.4.2 机械加工工艺结构

（1）倒角、倒圆

为了去除零件端面上机加工产生的毛刺、锐边，便于装配导向和操作安全，通常在零件的端部加工有 45°、30°或 60°的倒角，如图 7-18（a）、（b）、（c）所示。在零件的轴肩、孔肩处为避免应力集中，通常设计为圆角过渡，称为倒圆，如图 7-18（c）所示。

（2）退刀槽、砂轮越程槽

在机加工中，为了便于退出刀具或使砂轮可以稍稍越过加工面，并使零件在装配时容易

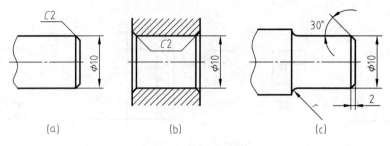

图 7-18　倒角和倒圆

靠紧，常在加工表面的台肩处先加工出退刀槽或砂轮越程槽，如图 7-19 所示。退刀槽尺寸标注形式可按"槽宽×直径"，如图 7-19（a）、（c）所示，或"槽宽×槽深"标注，如图 7-19（b）所示。

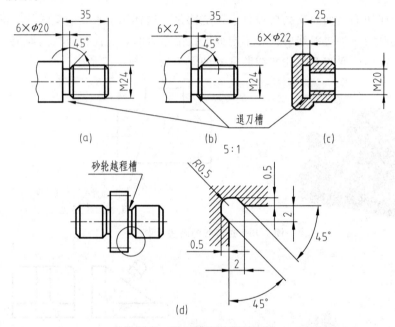

图 7-19　退刀槽和砂轮越程槽

（3）凸台、凹坑

为保证零件装配时配合面接触良好，减少切削加工面积，通常在铸件上设计出凸台和凹坑，如图 7-20 所示。

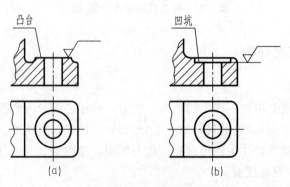

图 7-20　凸台和凹坑

7.5 零件图上的技术要求

技术要求是在机械图样中用规定的符号、数字、字母或文字，简明、准确地说明零件在制造、检验或使用时应达到的各项技术指标。这些技术指标包括表面粗糙度、极限与配合、几何公差、材料与材料的热处理、零件表面修饰、特殊加工、检验、试验等。

7.5.1 表面粗糙度（GB/T 131—2006、GB/T 1031—2009）

如图 7-21 所示，表面粗糙度是指在零件加工表面所形成的具有较小间距和较小峰谷的微观不平状况，它属于微观几何误差。

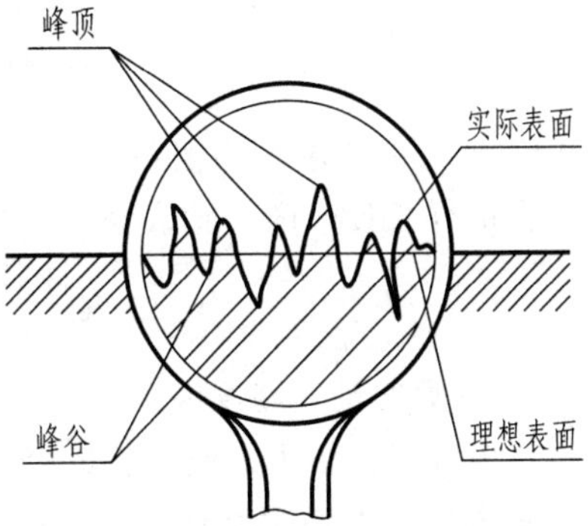

（1）表面粗糙度代号

表面粗糙度代号由表面粗糙度图形符号、表面粗糙度评定参数及数值以及必要的补充要求几部分构成。

① 表面粗糙度图形符号

表 7-2 列出了国家标准 GB/T 131—2006 规定的几种表面粗糙度图形符号。

图 7-21　零件表面微观不平的情况

表 7-2　表面粗糙度图形符号及意义

符号	意义及说明
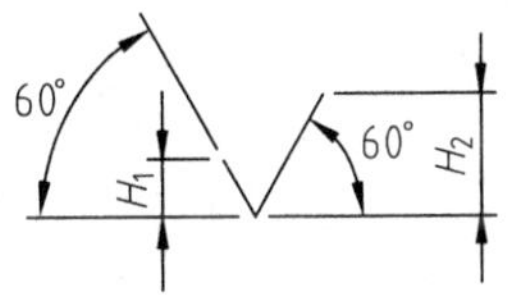	基本图形符号。仅用于简化代号标注，没有补充说明时不能单独使用。与补充的或辅助的说明一起使用时，不需要进一步说明为了获得指定的表面是否应去除材料或不去除材料
	扩展图形符号。要求去除材料的图形符号，表示指定表面是用去除材料的方法获得，如通过机械加工获得的表面
	扩展图形符号，不允许去除材料的图形符号，表示指定表面是用不去除材料的方法获得
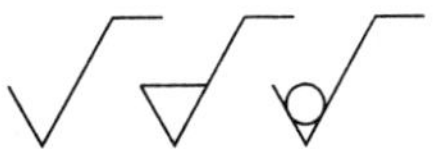	完整图形符号。用于标注表面特征的补充信息
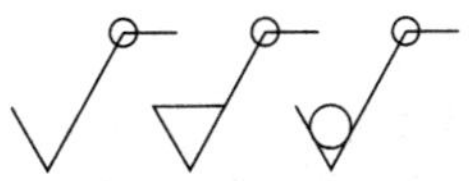	完整图形符号。表示图样某个视图上构成封闭轮廓的各表面有相同的结构要求

② 表面粗糙度评定参数及数值

国家标准 GB/T 1031—2009 规定的零件表面粗糙度的评定参数有轮廓的算术平均偏差 Ra 和轮廓的最大高度 Rz，如图 7-22 所示。注意，表面粗糙度评定参数的单位是 μm。

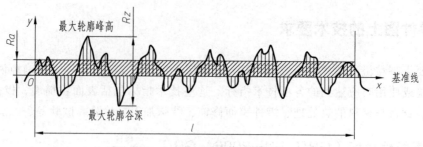

图 7-22　表面粗糙度评定参数

a. 轮廓的算术平均偏差 Ra

在取样长度 l 内，轮廓偏距 y 绝对值的算术平均值，其几何意义如图 7-22 所示。

$$Ra = \frac{1}{l}\int_0^l |y(x)|\,dx \approx \frac{1}{n}\sum_{i=1}^n y_i$$

b. 轮廓的最大高度 Rz

在取样长度 l 内，最大轮廓峰高和最大轮廓谷深之和的高度，如图 7-22 所示。

轮廓的算术平均偏差 Ra 和轮廓的最大高度 Rz 的数值规定见表 7-3。

表 7-3　轮廓的算术平均偏差 Ra 和轮廓的最大高度 Rz 的数值　　　　单位：μm

表面粗糙度评定参数	参数值			
	0.012	0.2	3.3	50
Ra	0.025	0.4	6.3	100
	0.05	0.8	12.5	
	0.1	1.6	25	
	0.025	0.8	25	800
	0.05	1.6	50	1600
Rz	0.1	3.2	100	
	0.2	6.3	200	
	0.4	12.5	400	

③ 表面粗糙度评定参数、数值及补充要求的注写

表面粗糙度评定参数、数值及补充要求的注写方式如图 7-23 所示。

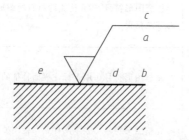

图 7-23　表面粗糙度评定参数、数值及补充要求的注写方式

a、b 为表面粗糙度评定参数值（μm）；c 为加工方法、表面处理、涂层或其他加工工艺要求；

d 为表面纹理和方向；e 为加工余量（mm）

表 7-4 列出了部分表面粗糙度代号及其意义，表 7-5 列出了常用的表面粗糙度 Ra 值及加工方法。

表 7-4 表面粗糙度代号及其意义

符号	意义及说明
$\sqrt{}$ Ra 3.2	用任何方法获得的表面,表面轮廓的算术平均偏差的上限值为 3.2μm
$\sqrt{}$ Ra 3.2	用去除材料的方法获得的表面,表面轮廓的算术平均偏差的上限值为 3.2μm
$\sqrt{}$ Ra 3.2	用不去除材料的方法获得的表面,表面轮廓的算术平均偏差的上限值为 3.2μm
$\sqrt{}$ Rz 3.2	用去除材料的方法获得的表面,表面轮廓的最大高度为 3.2μm

表 7-5 常用的表面粗糙度 Ra 值及加工方法

表面特征		示例			加工方法	适用范围
加工面	粗加工面	$\sqrt{}$ Ra 100	$\sqrt{}$ Ra 50	$\sqrt{}$ Ra 25	粗车、刨、铣等	非接触表面,如倒角、钻孔等
	半光面	$\sqrt{}$ Ra 12.5	$\sqrt{}$ Ra 6.3	$\sqrt{}$ Ra 3.2	粗铰、粗磨、扩孔、精镗、精车、精铣等	精度要求不高的接触表面
	光面	$\sqrt{}$ Ra 1.6	$\sqrt{}$ Ra 0.8	$\sqrt{}$ Ra 0.4	铰、研、刮、精车、精磨、抛光等	高精度的重要配合表面
	最光面	$\sqrt{}$ Ra 0.2	$\sqrt{}$ Ra 0.1	$\sqrt{}$ Ra 0.05	研磨、镜面磨、超精磨等	重要的装饰面
毛坯面		$\sqrt{}$			经表面清理过的铸、锻件表面和轧制件表面	不需要加工的表面

（2）表面粗糙度代号的标注方法

① 表面粗糙度代号可标注在轮廓线上，其符号应从材料外指向并接触表面。表面粗糙度代号也可直接标注在延长线上，必要时，也可用带箭头或黑点的指引线引出标注。图 7-24 为表面粗糙度代号的注法示例。

② 在不致引起误解时，表面粗糙度代号也可标注在特征尺寸的尺寸线上，如图 7-25 所示。

③ 必要的时候，表面粗糙度代号可标注在几何公差（见 7.5.3）框格上方，如图 7-26 所示。

④ 连续表面和重复要素的表面粗糙度只标注一次，如图 7-27 所示。

⑤ 如果在工件的多数（包括全部）表面有相同的表面粗糙度要求，则其表面粗糙度代号可统一注在图样的标题栏附近。此时（除全部表面有相同要求

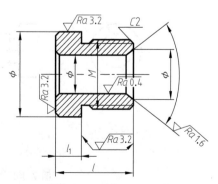

图 7-24 表面粗糙度代号的注法

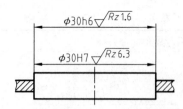

图 7-25　表面粗糙度代号注写在尺寸线上

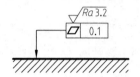

图 7-26　表面粗糙度代号注写在几何公差框格上

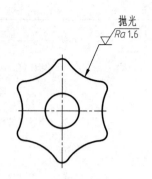

图 7-27　连续表面和重复要素的表面粗糙度注法

的情况外），表面粗糙度代号后面应该有：

　　a. 在括号内给出无任何其他标注的基本符号，如图 7-28（a）所示。

　　b. 在括号内给出不同的表面粗糙度要求，如图 7-28（b）所示。

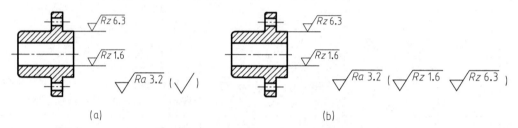

(a)　　　　　　　　　　　　　　　　(b)

图 7-28　多数或全部表面有相同的表面粗糙度的注法

　　⑥ 可用带字母的完整符号，以等式的形式，在图形或标题栏附近，对有相同表面粗糙度要求的表面进行简化标注，如图 7-29 所示。

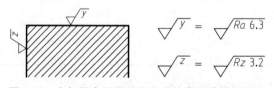

图 7-29　有相同表面粗糙度要求的表面的简化标注

　　⑦ 螺纹、齿轮的表面粗糙度标注如图 7-30 所示。

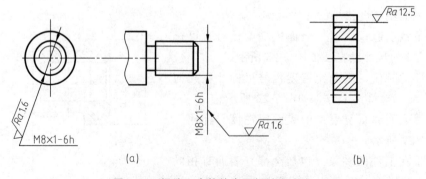

(a)　　　　　　　　　　　　　　　(b)

图 7-30　螺纹、齿轮的表面粗糙度注法

(a) 螺纹表面粗糙度注法；(b) 齿轮表面粗糙度注法

⑧ 键槽、倒角及圆角的表面粗糙度标注方法如图 7-31 所示。

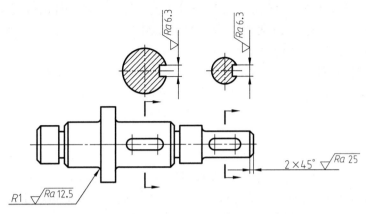

图 7-31　键槽、倒角及圆角的表面粗糙度注法

7.5.2　极限与配合（GB/T 1800.1—2020）

零件在加工过程中由于机床、刀夹具、技术水平等因素的影响，加工出来的零件尺寸总会存在误差。为了保证零件的互换性和使用要求，就需要给零件尺寸一定的允许偏差。极限与配合是确定零件尺寸在允许的偏差范围内，并保证零件具有互换性的重要标准。在零件图和装配图（见第 8 章）中一般都要注写极限与配合等技术要求。

（1）极限

极限相关术语及其意义如图 7-32 所示。

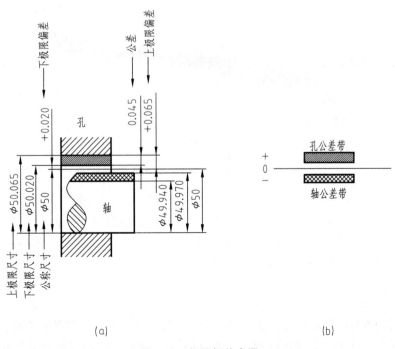

图 7-32　极限相关术语

① 公称尺寸。由图样规范定义的理想形状要素的尺寸，如图 7-32（a）中的 $\phi 50$。

② 实际尺寸。拟合组成要素的尺寸，实际尺寸通过测量得到。

③ 极限尺寸。尺寸要素的尺寸所允许的极限值。尺寸要素允许的最大尺寸称为上极限尺寸，尺寸要素允许的最小尺寸称为下极限尺寸。图 7-32（a）中，$\phi50.065$ 为孔的上极限尺寸，$\phi50.020$ 为孔的下极限尺寸。

④ 极限偏差。相对于公称尺寸的上极限偏差和下极限偏差。上极限尺寸减其公称尺寸所得的代数差称为上极限偏差，下极限尺寸减其公称尺寸所得的代数差称为下极限偏差。孔和轴的上极限偏差分别用 ES、es 表示，下极限偏差分别用 EI、ei 表示。图 7-32（a）中，$ES = +0.065$，$EI = +0.020$。

⑤ 公差。上极限尺寸与下极限尺寸之差。图 7-32（a）中，孔的尺寸公差为 0.045。

⑥ 公差带。公差极限之间（包括公差极限）的尺寸变动值，如图 7-32（b）所示。公差带由基本偏差和标准公差两个参数确定，基本偏差系列确定公差带相对零线的位置，标准公差等级决定公差带的高度。

⑦ 基本偏差。基本偏差是定义了与公称尺寸最近的极限尺寸的那个极限偏差。

国家标准对孔和轴分别规定了 28 个系列的基本偏差，孔的基本偏差用大写的拉丁字母表示，轴的基本偏差用小写的拉丁字母表示，如图 7-33 所示。

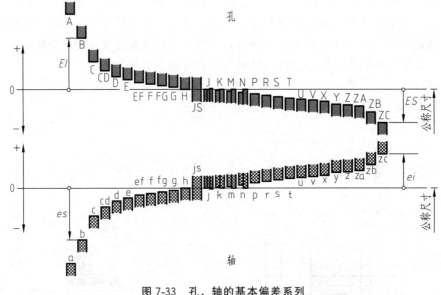

图 7-33　孔、轴的基本偏差系列

⑧ 标准公差。线性尺寸公差 ISO 代号体系中的任一公差，用"IT"表示，分为 IT01，IT0，IT1，…，IT18 共 20 个等级。标准公差的大小由公差等级和公称尺寸共同确定。

⑨ 公差带代号。基本偏差和标准公差等级的组合。如 $\phi50H8$ 中，H8 为孔的公差带代号，基本偏差为 H 系列，标准公差为第 8 级。

（2）配合

① 配合的种类

类型相同且待装配的外尺寸要素（轴）和内尺寸要素（孔）之间的关系称为配合。配合可分为间隙配合、过盈配合和过渡配合三类，如图 7-34 所示。间隙配合是指孔和轴装配时总是存在间隙的配合。此时，孔的下极限尺寸大于或在极端情况下等于轴的上极限尺寸。过盈配合是指孔和轴装配时总是存在过盈的配合。此时，孔的上极限尺寸小于或在极端情况下

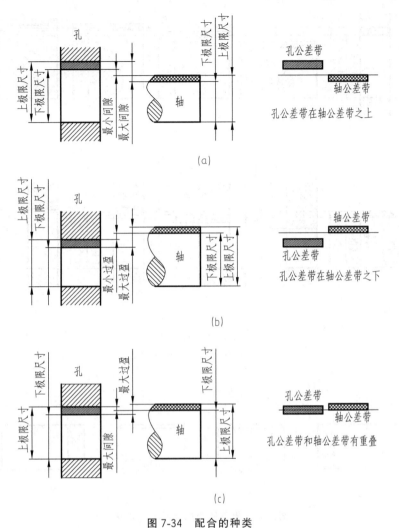

图 7-34　配合的种类

（a）间隙配合；（b）过盈配合；（c）过渡配合

等于轴的下极限尺寸。过渡配合是指孔和轴装配时可能具有间隙或者过盈的配合。

② 配合制度

国家标准规定了基孔制和基轴制两种配合制。基孔制配合是孔的基本偏差为零的配合，即其下极限偏差等于零，如图 7-35（a）所示。基轴制配合是轴的基本偏差为零的配合，即其上极限偏差等于零，如图 7-35（b）所示。

（3）极限与配合的标注与查表

① 在零件图中的标注

在零件图中尺寸公差的标注方式如图 7-36 所示。其中，图 7-36（a）所示注法适于大批量生产的零件，图 7-36（b）、（c）所示注法适用于单件、小批量生产的零件，图 7-36（d）所示注法适用于产品转产频繁的生产中。

② 在装配图中的标注

装配图中标注的配合代号用分数形式表示，分子为轴的公差带代号，分母为孔的公差带代号，如图 7-37 所示。

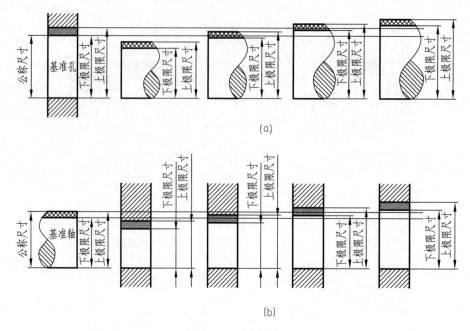

图 7-35　配合制

（a）基孔制配合；（b）基轴制配合

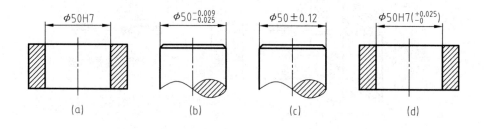

图 7-36　零件图中的尺寸公差注法

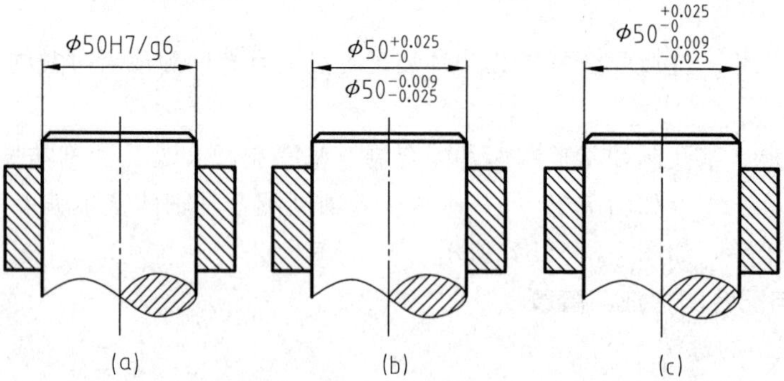

图 7-37　装配图中配合的注法

③ 极限与配合的查表方法

以查表确定配合代号 $\phi 30 \dfrac{H7}{k6}$ 的偏差数值为例，学习极限与配合的查表方法。

$\phi 30 H7$ 基准孔查附录表 C-3，由公称尺寸段＞24～30 与公差带 H7 相交处查出孔上、下

极限偏差为 $^{+0.021}_{0}$。

$\phi30\text{k6}$ 配合轴查附录表 C-2，由公称尺寸段 >24～30 与公差带 k6 相交处查出轴上、下极限偏差为 $^{+0.015}_{+0.002}$。

画出 $\phi30\text{H7}$ 基准孔和 $\phi30\text{k6}$ 配合轴的公差带，可知孔和轴的公差带有重叠，$\phi30\dfrac{\text{H7}}{\text{k6}}$ 为基孔制过渡配合。

7.5.3 几何公差（GB/T 1182—2018、GB/T 17851—2022）

零件加工后会产生几何要素形状的误差和几何要素之间相对位置的误差，即零件的实际几何要素偏离其理想公称要素，这种偏离产生的误差称为几何误差。几何误差包括形状误差、方向误差、位置误差和跳动误差。为了满足零件的使用要求和保证互换性，必须对零件的几何误差进行限定。几何误差允许的最大变动量，称为几何公差，变动量的具体值称为公差值。几何公差包括形状公差、方向公差、位置公差和跳动公差。

（1）几何公差的几何特征及符号

部分国家标准规定的几何公差的几何特征及符号见表 7-6。

表 7-6 几何公差项目及符号

分类	项目	符号	分类	项目	符号
形状公差	直线度	—	方向公差	平行度	//
	平面度	▱		垂直度	⊥
	圆度	○		倾斜度	∠
	圆柱度	⌀	位置公差	位置度	⊕
	线轮廓度	⌒		同轴度	◎
	面轮廓度	⌓		对称度	=
			跳动公差	圆跳动	╱
				全跳动	⌮

（2）几何公差的标注

几何公差用公差框格、被测要素和基准符号进行标注。

① 几何公差框格及内容

公差要求应标注在划分成两个部分或三个部分的矩形框格内。第三个部分可选的基准部分可包含一至三格，这些部分为自左向右排列，如图 7-38 所示。注意，符号部分应包含几何特征符号。

几何公差框格用细实线绘制，框格的高度是图样中尺寸数字高度的两倍，格数和框格的长度根据需要而定，框格中的数字、字母和符号与图样中的数字同高。

② 被测要素的注法

当几何公差规范指向组成要素时，该几何

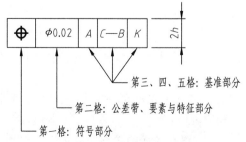

图 7-38 几何公差框格及内容

公差规范标注应当通过指引线与被测要素连接，并以下列方式之一终止：

　　a. 指引线以箭头终止在要素的轮廓上或轮廓的延长线上（但与尺寸线明显分离），如图 7-39（a）、（b）所示。

　　b. 当标注要素是组成要素且指引线终止在要素的界限以内，则以圆点终止。当该面要素可见时，此圆点是实心的，指引线为实线，当该面要素不可见时，这个圆点为空心，指引线为虚线。

　　c. 将箭头放在指引横线上，并使用指引线指向该面要素，如图 7-39（c）所示。

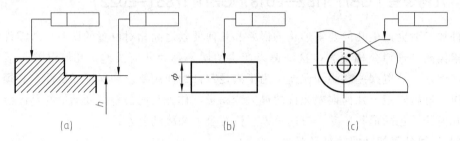

图 7-39　被测要素的注法（一）

　　当几何公差规范适用于导出要素（中心线、中心面或中心点）时，应使用参照线与指引线进行标注，并用箭头终止在尺寸要素的尺寸延长线上，如图 7-40 所示。

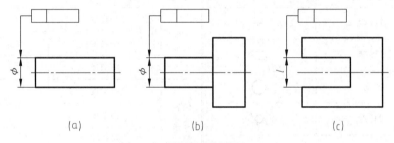

图 7-40　被测要素的注法（二）

③ 基准要素的注法

基准要素的标注需标注基准标识符和基准代号。基准标识符如图 7-41 所示，图中 A 为基准代号。

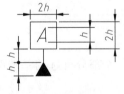

图 7-41　基准标识符

　　a. 当用来建立基准的单一要素是尺寸要素时，应按照下列规定放置基准标识符，以指定相应表面：

　　ⅰ. 放置在尺寸线的延长线位置上，如图 7-42（a）所示。

　　ⅱ. 放置在指向表面尺寸线延长线的公差框格上，如图 7-42（b）所示。

　　ⅲ. 放置在尺寸的参照线上，如图 7-42（c）所示。

　　ⅳ. 放置在与参照线相连的公差框格上，该参照线指向表面并带有一个尺寸，如图 7-42（d）所示。

　　b. 当建立基准的单一要素不是尺寸要素时，应按照下列规定之一放置基准标识符，以指定相应表面：

　　ⅰ. 放置在表面的轮廓上，如图 7-43（a）中基准代号 A 所示。

　　ⅱ. 放置在表面的延长线上，如图 7-43（a）中基准代号 B 所示。

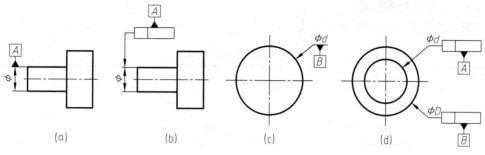

图 7-42 基准要素的注法（一）

ⅲ. 放置在公差框格上，该公差框格指向表面的轮廓、表面延长线或表面的参照线，如图 7-43（b）所示。

ⅳ. 放置在与指引线相连的参照线上，该指引线依附于表面，不关联任何尺寸，指引线在不可见的表面终止于一个不填充的圆形，如图 7-43（c）所示，或在可见表面终止于一个填充的圆形，如图 7-43（d）所示。基准标识符宜标注在可见的表面上。

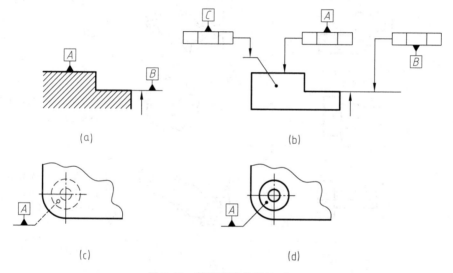

图 7-43 基准要素的注法（二）

标注几何公差时，若同一要素有多项几何公差要求，可采用框格并列标注，如图 7-44（a）所示。若多处要素有相同的几何公差要求，可在框格指引线上绘制多个箭头，如图 7-44（b）所示。

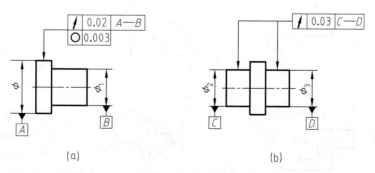

图 7-44 同一要素有多项几何公差要求、多处要素有相同的几何公差要求的注法

（3）几何公差的定义

部分几何公差的标注及定义见表 7-7。

表 7-7　几何公差的标注及定义

项目	图例	定义
直线度	$-$ 0.02　$\phi20$	圆柱表面的提取（实际）棱边应限定在轴向平面内间距为 0.02mm 的两平行直线之间
直线度	$-$ $\phi0.015$　ϕd	圆柱面的提取（实际）中心线应限定在直径为 $\phi0.015$mm 的圆柱面内
平面度	$\square$ 0.020	提取（实际）表面应限定在间距为 0.020mm 的两平行平面之间
圆度	$\bigcirc$ 0.015	提取（实际）圆周应限定在半径差为 0.015mm 的两共面同心圆之间
圆柱度	ϕ 0.018　ϕd	提取（实际）圆柱表面应限定在半径差为 0.018mm 的两同轴圆柱面之间
线轮廓度	$\frown$ 0.04　$R10$　$R25$　24 ± 0.1　12　58	提取（实际）轮廓线应限定在直径 $\phi0.04$mm，圆心位于理论正确几何形状上的一系列圆的两等距包络线之间。理论正确几何形状由 $R25$、$2\times R10$ 以及 24 确定
面轮廓度	$\frown$ 0.05　A　20　10　$R25$	提取（实际）轮廓面应限定在直径 $S\phi0.05$mm、球心位于由基准平面 A 确定的被测要素理论正确几何形状上的一系列圆球的两等距包络面之间
平行度	$\parallel$ 0.020 A　A	提取（实际）表面应限定在间距为 0.020mm 且平行于基准平面 A 的两平行平面之间

项目	图例	定义
垂直度		提取(实际)轴线应限定在直径 $\phi0.015$mm、垂直于基准平面 A 的圆柱面内
		提取(实际)端面应限定在间距为 0.05mm、且垂直于基准轴线 A 的两平行平面之间
倾斜度		提取(实际)表面应限定在间距为 0.03mm 的两平行平面之间。该两平行平面按理论正确角度 45°倾斜于基准平面 A
位置度		提取(实际)圆心($\phi4$mm 圆的圆心)应限定在以基准 A 和 B 所确定的点的理论正确位置为圆心(即距 A 面 15mm,距 B 面 10mm),直径为 $\phi0.3$mm 的圆内
同轴度		被测圆柱($\phi20$mm 圆柱)的提取(实际)轴线应限定在直径 $\phi0.02$mm、以 $\phi30$mm 基准圆柱轴线 A 为轴线的圆柱面内
对称度		键槽的提取(实际)中心平面应限定在间距为 0.05mm、对称于基准中心平面 A 的两平行平面之间
圆跳动		在任一垂直于公共基准轴线 $A—B$ 的横截面内,提取(实际)线应限定在半径差为 0.030mm、圆心在公共基准轴线 $A—B$ 上的两共面同心圆之间

续表

项目	图例		定义
圆跳动	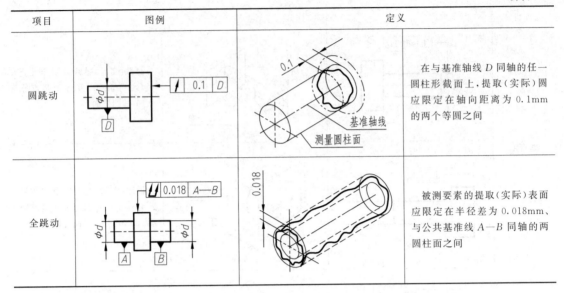		在与基准轴线 D 同轴的任一圆柱形截面上,提取(实际)圆应限定在轴向距离为 0.1mm 的两个等圆之间
全跳动			被测要素的提取(实际)表面应限定在半径差为 0.018mm、与公共基准线 $A—B$ 同轴的两圆柱面之间

7.6 读零件图

7.6.1 读零件图的方法与步骤

（1）概括了解

通过标题栏了解零件的名称、材料、比例等内容,大致判断零件类型、作用及加工方法。

（2）分析视图,想象零件的结构形状

分析视图表达方案,弄清楚有哪些视图和表达方法,以及是否采用简化画法和规定画法。然后从特征视图入手,综合所有视图,运用形体分析法和线面分析法,按先整体,后局部,先主体结构,后局部结构,先读懂简单部分,再分析复杂部分的顺序,读懂零件各部分结构,想象出零件的整体结构形状。

（3）分析尺寸

分析视图中各个方向上的主要尺寸基准和辅助尺寸基准,查找零件各部分的定形尺寸、定位尺寸和零件的总体尺寸。必要时,可结合机器或部件上与该零件有关的其他零件一起进行分析。

（4）分析技术要求

分析视图中标注的表面粗糙度、尺寸公差、配合及几何公差等技术要求。

（5）综合归纳

综合考虑零件的结构形状、尺寸和技术要求,掌握零件的结构特征和设计要求,以便在加工时采取适当的措施,保证零件能满足实际使用需要。

7.6.2 读零件图示例

以读图 7-45 所示阀体零件图为例,练习读零件图。

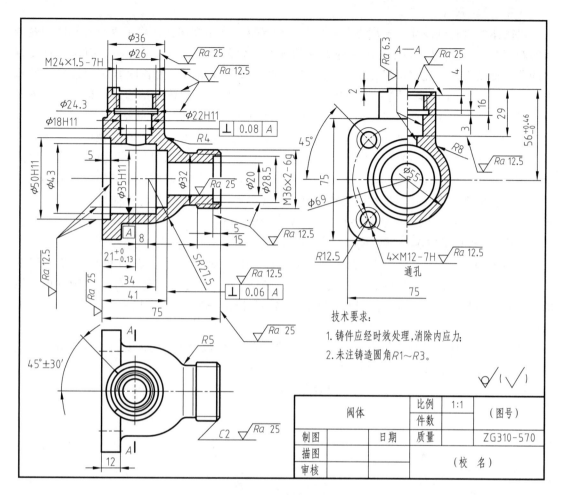

图 7-45　阀体零件图

（1）概括了解

从标题栏可知，图样表达的零件为阀体，绘图比例为 1：1，材料为 ZG310-570 铸钢。阀体是球阀中的核心零件，属于箱体类零件，其内部应有大的空腔以容纳密封圈、阀芯、调整垫、螺杆、螺母、填料垫、中填料、上填料、填料压紧套、阀杆等零件。阀体毛坯通常为铸造加工，其结构上的主体圆柱孔用车床车削加工。

（2）分析视图，想象零件的结构形状

阀体零件图中，运用主视图、俯视图和左视图三个基本视图进行表达。其中，主视图采用全剖视图，表达出阀体内部空腔、上方圆柱孔和右边圆柱孔的内部结构。俯视图没有剖切，通过俯视图可以看出阀体腔体部分的外部形状、90°扇形限位块的结构、上方圆柱孔形状、上方端头内螺纹的结构、右部端头外螺纹结构。左视图采用半剖视图，进一步表达阀体内部空腔的形状，并通过未剖的部分表达了阀体左端凸缘的结构形状以及凸缘上四个安装螺孔的分布情况。综合半剖的左视图和全剖的主视图，可以准确想象出阀体内部空腔、阶梯孔以及凹槽的真实结构形状。

通过对图样表达方案的分析，结合第 8 章中的图 8-1、图 8-2，综合所有视图，运用形体分析法和线面分析法，即可想象出阀体的内外结构形状。

（3）分析尺寸

以阀体的垂直轴线作为长度方向的主要尺寸基准，在主视图上注出了垂直孔轴线到左端面的距离 $21^{+0}_{-0.13}$，以及阀体的球形外轮廓的球心位置的定位尺寸 8。将左端面作为长度方向的第一辅助基准，注出了尺寸 34、41、75，再以阀体右端面作为长度方向的第二辅助基准，注出尺寸 5、15。以阀体的垂直轴线为径向基准，注出了阀体上部回转结构内、外表面的直径尺寸。以阀体的前后对称面作为宽度方向的主要尺寸基准，在左视图上注出了左端方形凸缘的宽度尺寸。以阀体的水平轴线作为高度方向的主要尺寸基准，在左视图上注出了方形凸缘的高度尺寸 75 及扇形限位块顶面的定位尺寸 $56^{+0.46}_{-0}$，并以限位块顶面为高度方向的第一辅助基准，注出尺寸 2、4、16、29 等尺寸，再以由尺寸 16 确定的退刀槽的槽底为高度方向的第二辅助基准，注出螺纹退刀槽尺寸 3。以阀体的水平轴线作为径向尺寸基准，注出阀体的外形尺寸 $\phi55$ 以及水平方向上多个回转结构的直径尺寸。

（4）分析技术要求

阀体中重要尺寸均注有尺寸公差。$\phi18H11$ 孔有配合要求，表面粗糙度 Ra 值为 $6.3\mu m$。其余表面也有相应的表面粗糙度要求。空腔 $\phi35$ 槽的右端面相对 $\phi35$ 圆柱槽轴线的垂直度公差为 0.06mm，$\phi18H11$ 圆柱孔轴线相对 $\phi35$ 圆柱槽轴线的垂直度公差为 0.08mm。

此外，因阀体的毛坯为铸件，因而在内、外表面进行切削加工前需要进行时效处理，消除内应力。未注的铸造圆角为 $R1\sim R3$。

图样中其他尺寸及技术要求读者可自行分析。

第8章 装配图

8.1 装配图概述

机器或部件都是由零件按一定的装配关系和技术要求装配而成的。图 8-1 所示的球阀就是由阀体、阀盖、密封圈、阀芯、调整垫、螺杆、螺母、填料垫、中填料、上填料、填料压紧套、阀杆、扳手等零件装配组成的。

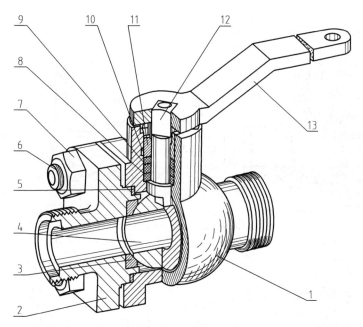

图 8-1　球阀

1—阀体；2—阀盖；3—密封圈；4—阀芯；5—调整垫；6—螺杆；7—螺母；8—填料垫；
9—中填料；10—上填料；11—填料压紧套；12—阀杆；13—扳手

8.1.1 装配图简介

装配图是用来表示产品及其组成部分的连接、装配关系及其技术要求的图样。在机械制图中，装配图常用来表达机器或部件的内、外结构形状，组成零件的装配和连接关系，工作原理及相关技术要求等内容。装配图是生产过程中的重要技术文件，在机器或部件设计时，要先根据设计要求画出装配图，再根据装配图的结构信息和尺寸信息，拆画零件图。在机器或部件装配时，则要根据装配图把零件装配、连接成机器或部件。

8.1.2 装配图的内容

如图 8-2 球阀装配图所示，一张装配图应包含以下内容：

（1）一组视图

采用恰当的表达方案，用一组视图完整、清晰地表达机器或部件的结构形状、零件的装配和连接关系、工作原理及相关技术要求等。

（2）必要的尺寸

装配图上应标注机器或部件的性能（规格）尺寸、配合尺寸、安装尺寸、外形尺寸、检验尺寸等。

（3）技术要求

在装配图中，配合尺寸要标注配合代号，并用文字形式说明机器或部件的性能、装配、调整、试验等所必须满足的技术条件。

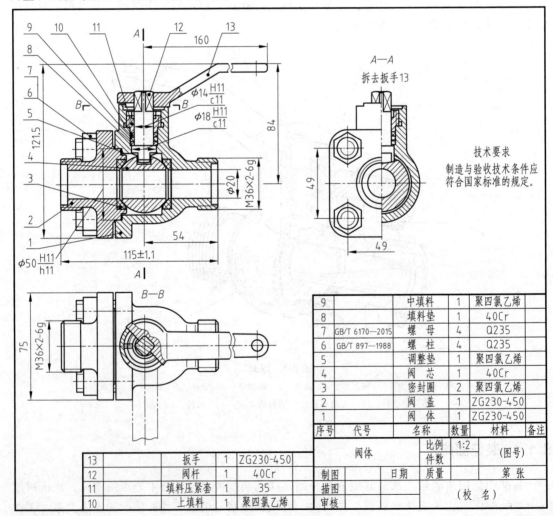

图 8-2 球阀装配图

（4）零件序号、明细栏和标题栏

在装配图中，应对每个不同零部件编序号，并在明细栏中填写各零部件的序号、代号、名称、数量、材料、备注等内容。装配图中也必须有标题栏并填写相关内容。

8.2　装配图的表达方法

国家标准对机器或部件的装配图的表达规定了相应的画法，这些画法包括规定画法、特殊画法和简化画法等表达方法。画装配图时应将第 6 章中机件的表达方法与装配图的表达方法结合起来，共同完成对机器或部件的表达。

8.2.1　规定画法

图 8-3 示例了装配图的部分规定画法。

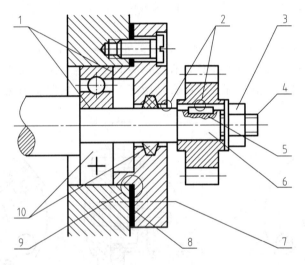

图 8-3　装配图规定画法示例

① 两零件的接触面或配合（即使是间隙配合）面，只画一条表示公共轮廓的线，如图 8-3 中 1 所示。

② 两零件的非接触面或非配合面，即使间隙很小也必须画出两条线，表示各自的轮廓，如图 8-3 中 2 所示。

③ 在剖视图或断面图中，为了区分不同零件，相邻两零件的剖面线的倾斜方向应相反或方向相同而间隔不同，如图 8-3 中 9 所示。同一零件的剖面线的方向和间隔在同一张图样中必须保持一致。剖面厚度在 2mm 以下的图形，允许以涂黑来代替剖面符号，如图 8-3 中 8 所示。

④ 在剖视图中，当剖切平面通过螺栓、螺柱、螺钉、螺母、垫圈、键、销、油杯等标准件以及实心的轴、杆、球、钩、手柄等实心零件的基本轴线时，这些零件均按不剖绘制，如图 8-3 中 6 所示。

⑤ 轴、杆、球、钩、手柄等实心零件上的孔、键槽等结构可以采用局部剖视图进行表达，如图 8-3 中 5 所示。

8.2.2 特殊画法

（1）拆卸画法

在装配图中，当某些零件遮挡住了需要表达的其他零件的结构或装配关系，而这些遮挡零件的结构形状在其他视图上已经表达清楚时，可假想将这些遮挡零件拆去，然后画出剩下部分的视图，这种画法称为拆卸画法。当某一视图上不需要画出某些零件时，也可采用拆卸画法。运用拆卸画法时，应在视图上方标注"拆去件××"等字样。图 8-2 球阀装配图中的左视图，是拆去扳手 13 后画出的。

（2）沿结合面剖切画法

在装配图中，为了表达的需要，可假想沿某些零件的结合面剖切后进行投射得到剖视图，这种画法称为沿结合面剖切画法。运用这种画法时应注意，零件的结合面不画剖面线，但被剖切到的零件要画剖面线。图 8-4 所示转子油泵装配图中的 $A—A$ 和后面图 8-17 所示齿轮油泵中的 $B—B$ 剖视图均采用沿结合面剖切画法。

（3）假想画法

① 在装配图中，表达与某部件有装配关系的相邻零、部件时，可用细双点画线画出相邻零、部件的部分假想轮廓。但要注意，假想轮廓的区域内不画剖面线。图 8-4 转子油泵的主视图中，与转子油泵组合的相邻的零件就是用细双点画线按假想画法画出的。

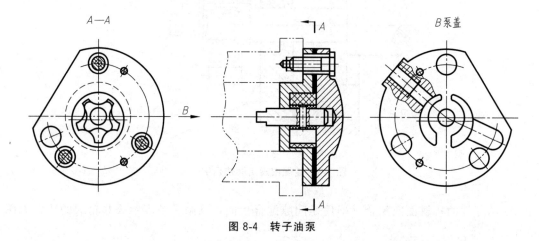

图 8-4　转子油泵

② 表示可运动零件的运动范围时，可用细双点画线画出极限位置的图形。如图 8-2 的俯视图中，用细双点画线画出了扳手旋转的极限位置的投影。

（4）夸大画法

在装配图中，对于厚度小于 2mm 的薄片零件、直径小于 2mm 的细丝弹簧、较小的斜度和锥度、微小的间隙等，可不按比例而采用夸大画法画出。如图 8-3 中 8 所示的垫片，就是夸大画出的。

（5）单独表达某个零件的画法

在装配图中，当某个对机器或部件的工作原理和装配关系的表达有着十分重要的作用的零件没有表达清楚时，可单独画出该零件的某一视图，以准确表达其结构形状。运用这种表达方法时，要在所画视图上方注出投射方向、零件名称及视图的名称。图 8-4 示例的 B 向视图就是转子油泵的泵盖的单独画法。

8.2.3　简化画法

① 在装配图中，小圆角、小倒角、退刀槽、拔模斜度等工艺结构以及螺栓、螺母的倒角和因倒角而产生的曲线省略不画，如图 8-3 中 4 所示。

② 在装配图中，规格相同的零件组，可仅详细地画出一处，其余用细点画线标明中心位置，如图 8-3 中 7 所示。

③ 在装配图中，滚动轴承应按国家标准的规定，采用表 6-10 所示的特征画法或规定画法，但同一图样中，只允许采用同一种画法，如图 8-3 中 10 滚动轴承采用了规定画法。

8.3　装配图中的尺寸和技术要求

8.3.1　装配图的尺寸标注

装配图中，只需标注如下几类尺寸：

（1）性能（规格）尺寸

表示机器或部件性能（规格）的尺寸。性能（规格）尺寸在设计时已确定，是设计和选用机器或部件的重要依据，如图 8-2 中球阀的管口直径 $\phi 20$。

（2）装配尺寸

确定有关零件间配合性质或相对位置的尺寸，如图 8-2 主视图中的 $\phi 50 H11/h11$、$\phi 14 H11/c11$、$\phi 18 H11/c11$ 和左视图中的 49、49 等尺寸。

（3）安装尺寸

将机器或部件安装到基座上或与其他零件、部件相连接时所需的尺寸，如图 8-17 左视图中的 70。

（4）外形尺寸

机器或部件的总长、总宽和总高，如图 8-2 中的 115 ± 1.1、75 和 121.5。

（5）其他重要尺寸

在设计中确定，对主要零件的结构、机器或部件的工作有重要影响的尺寸，如运动零件的极限尺寸、主体零件的重要尺寸等。

8.3.2　装配图中的技术要求

除图样中已用代号标注的技术要求外，装配图中一般还要用文字形式注写以下几类技术要求：

（1）装配要求

装配过程中的注意事项和装配后应满足的要求。

（2）检验要求

机器或部件基本性能的检验、试验规范和操作要求。

（3）使用要求

机器或部件的规格、参数及维护、保养、使用时的注意事项和要求。

8.4 装配图中的零部件序号和明细栏

8.4.1 零部件序号的编排

零部件序号包括指引线、序号数字和序号排列顺序。

（1）指引线

指引线应从所指零件的轮廓线内用细实线引出，在轮廓线内的一端画一圆点，轮廓线外的一端可为直线段终端、弯折的水平横线或细实线圆，如图8-5（a）所示。若所指零件很薄或为涂黑断面，指向轮廓线的一端可画为箭头，如图8-5（b）所示。一组紧固件或装配关系清楚的零件组，可采用公共指引线，如图8-5（c）所示。

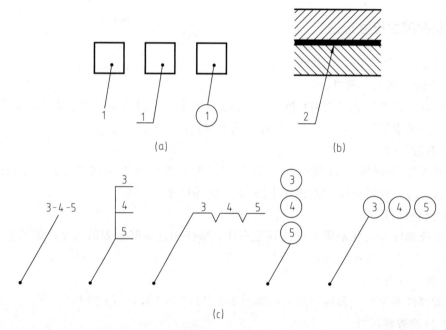

图 8-5　指引线画法

（2）序号数字及排列

序号数字应比图中尺寸数字大一号或两号，同一图样中编注序号的形式应一致。规格相同的零件只编一个序号，滚动轴承、电动机等标准化组件，可看作一个整体编注一个序号。序号可在一组图形的外围按水平或竖直方向顺时针或逆时针顺次整齐排列，如图8-2所示。当在一组图形的外围无法连续排列时，可在其他图形的外围按顺序连续排列，如图8-17所示。

8.4.2 明细栏

明细栏是由序号、代号、名称、数量、材料、质量、备注等内容组成的栏目。装配图中，应将各种零部件的相关信息记入明细栏，以便于读图、图样管理和装配生产。

GB/T 10609.2—2009规定了明细栏的格式。技术制图中明细栏通常采用图8-6所示的格式。明细栏应画在标题栏上方，下边线与标题栏上边线重合，长度相等。当位置不够时，明细栏可续接在标题栏左方。零部件序号在明细栏中应按自下而上的顺序填写，以便在增加零件时可继续向上画格。

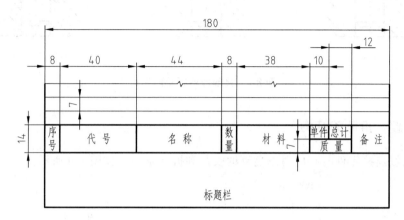

图 8-6　明细栏

8.5　装配结构简介

设计和绘制装配图时，既要保证机器或部件的性能要求，又要考虑安装与拆卸的方便，必须考虑装配结构的合理性。

8.5.1　接触面的结构

为了既能保证相配合的两零件间接触良好，又能降低加工要求，零件装配时，两零件在同一方向上只能有一个接触面，如图 8-7 所示。

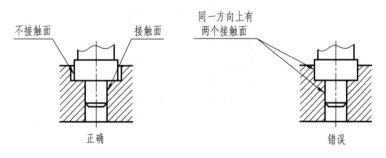

图 8-7　接触面的画法

8.5.2　转折处的结构

为保证两个方向的接触面接触良好，零件两个方向的接触面应在转折处做成倒角、倒圆或凹槽，而不应加工成直角或尺寸相同的圆角。如图 8-8 所示，在零件两个方向接触面处，（a）中孔加工为倒角，轴加工为圆角，（b）中孔加工为直角，轴加工为退刀槽，（c）中孔加工为直角，轴加工为凹槽。

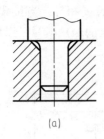
(a)
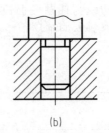
(b)
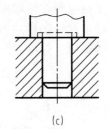
(c)

图 8-8　接触面转折处的结构

8.5.3　维修、拆卸的结构

① 用螺纹连接零件时，应考虑足够的安装和拆卸空间，如图 8-9 所示。

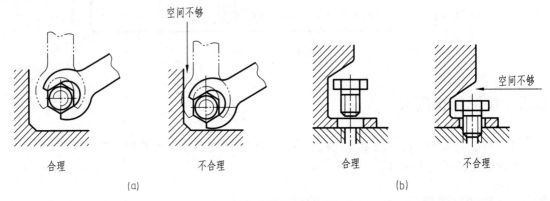

空间不够

合理　　　　　　　不合理　　　　　合理　　　　　　不合理

空间不够

(a)　　　　　　　　　　　　　　　　(b)

图 8-9　考虑足够的安装和拆卸空间

② 用圆柱销或圆锥销定位两零件时，为了加工和拆卸的方便，尽量将销孔加工成通孔，如图 8-10 所示。

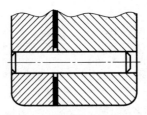

图 8-10　定位销孔做成通孔

8.6　装配图的画法

本节将以图 8-2 所示球阀装配图的画法为例，介绍由零件图拼画装配图的方法和步骤。

（1）部件分析

部件分析就是要分析清楚主要零件的形状，零件与零件之间的相对位置、定位方式，零件的装配关系，以及机器或部件的工作原理。

球阀中的阀盖零件图如图 7-12 所示、阀体零件图如图 7-45 所示，阀杆、阀芯、密封圈、填料压紧套、扳手等主要零件的零件图如图 8-11～图 8-15 所示。

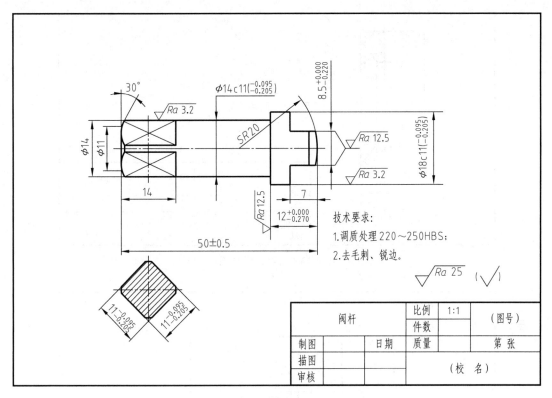

图 8-11　阀杆零件图

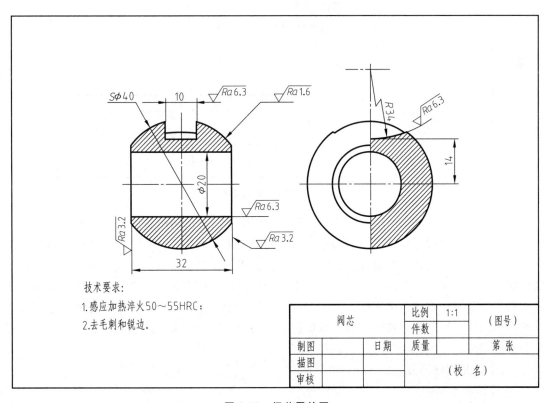

图 8-12　阀芯零件图

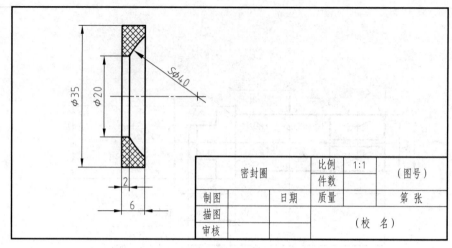

图 8-13　密封圈零件图

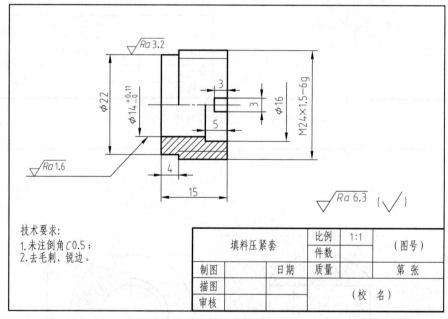

技术要求:
1.未注倒角C0.5;
2.去毛刺、锐边。

图 8-14　填料压紧套零件图

由图 8-1 可知,阀体左端与阀盖圆柱形凸缘相配合,通过四组螺柱连接,形成容纳阀芯的空腔,空腔内用调整垫调节阀芯与密封圈之间的松紧。阀体上部内孔部分容纳有阀杆、填料垫、中填料和上填料,填料压紧套通过螺纹旋合以压紧填料。阀杆下端上的凸块与阀芯上的凹槽榫接,上端与扳手的方孔配合,扳手旋转时,通过阀杆带动阀芯旋转以控制球阀的开闭。阀体上部圆柱结构顶端有一个 90°扇形限位块,用以控制扳手和阀杆的旋转角度。阀体空腔右侧圆柱形槽用来放置密封圈,以保证在球阀关闭时不泄漏流体。阀体右端外部通过螺纹与管道连接。

（2）确定表达方案

① 选择基本视图

装配图中,应将机器或部件按工作位置安放,然后选择最能反映主要零件结构形状、位

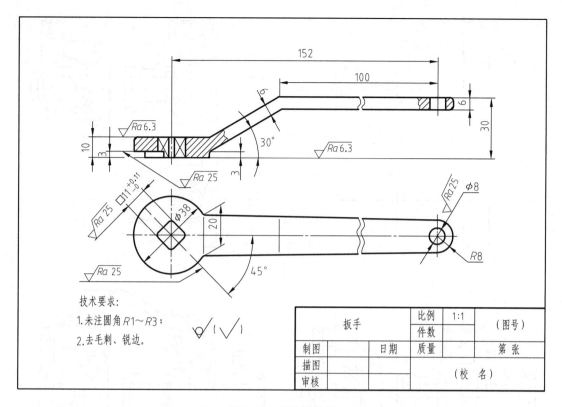

图 8-15　扳手零件图

置关系、装配关系、传动路线及机器或部件工作原理的方向作为主视图投射方向，并根据需要选择相应的表达方法。

　　球阀装配图中，将其主要轴线水平放置，并选择垂直于球阀水平轴线方向作为主视图方向，采用单个剖切面剖切的全剖视图，结合半剖的左视图和局部剖的俯视图，以反映球阀各主要零件的结构形状、零件从左到右和从上到下的位置关系以及装配关系。

　　② 选择其他视图及表达方法

　　针对基本视图还没有表达清楚的结构、零件间的相对位置和装配关系，进一步选择其他视图和表达方法。

　　球阀装配图中，基本视图已经把需要表达的内容表达清楚，不需要采用其他视图。

　　要注意的是，在确定装配图表达方案时，要兼顾装配图中的规定画法、特殊画法和简化画法等表达方法的应用。

　　（3）画装配图

　　① 确定绘图的图幅和比例。注意要为明细栏、标题栏、零部件序号、尺寸标注和技术要求等留出相应的空间。

　　② 画出各视图的主要轴线、对称中心线和某些零件的端面的轮廓线。

　　③ 根据装配关系，由内向外或由外向内逐个画出机器或部件上的各零件。

　　④ 底稿画完后，检查，无误后加粗描深图线，并标注尺寸。

　　⑤ 编写零部件序号，画标题栏、明细栏，填写标题栏、明细栏和技术要求。

　　球阀装配图的画图方法及步骤如图 8-16 所示，画完的球阀装配图如图 8-2 所示。

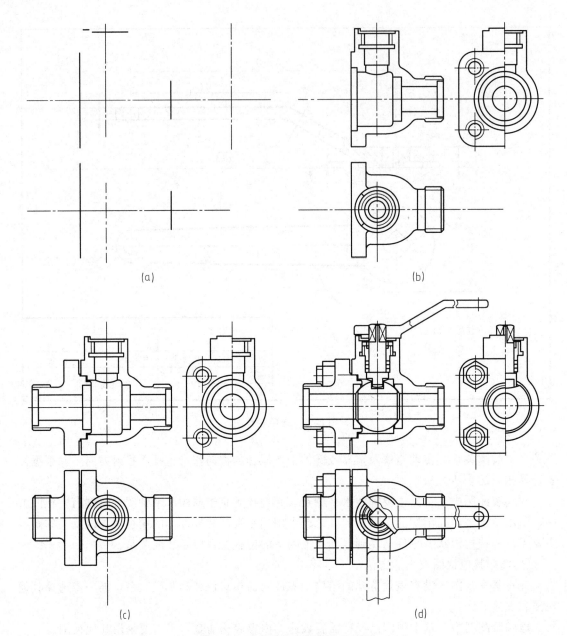

图 8-16　球阀装配图的画法及步骤

(a) 画出球阀阀体的主要轴线、对称中心线作为绘图基准线，然后画出阀体的各端面的轮廓线；

(b) 根据装配关系，画出球阀的主要装配零件阀体；(c) 根据装配关系，画出阀盖；

(d) 沿各装配轴线，分别画出阀芯、阀杆、密封圈、填料压紧套、扳手等其他零件，以及扳手的极限位置的轮廓线

8.7　读装配图及由装配图拆画零件图

读装配图的目的是了解机器或部件的作用和工作原理、各零件的主要结构形状和作用、各零件间的装配关系以及安装及拆卸顺序。在设计时，还要根据装配图画出该机器或部件的零件图。

8.7.1　读装配图的方法和步骤

（1）概括了解

通过机器或部件的名称大致了解其用途，通过明细栏了解零部件的名称、数量、材料、位置及标准件的规格，通过绘图比例和外形尺寸了解机器或部件的大小，通过技术要求了解装配体的性能参数、装配要求。

（2）分析视图

分析各视图之间的关系，识别出各视图的表达方法，明确各视图表达的意图和重点。

（3）分析装配关系和工作原理

① 根据各装配干线，对照零件在各视图中的投影关系。

② 利用零件序号和明细栏以及剖视图中的剖面线的差异，搞清每个零件在相关视图中的投影和轮廓，并分清零件的前后、内外的位置关系，分解识别零件组。

③ 分析各相关零件间的作用、装配方式、配合性质，分清固定件与运动件，弄清楚机器或部件的工作原理。

（4）分析零件

在装配图中找出反映零件形状特征的投影轮廓，将相应投影从装配图中分离出来，然后按形体分析和线面分析的方法弄清零件的结构形状。

零件上的某些尺寸的确定要通过与其配合的相邻零件上相应结构的尺寸来确定。零件上的一些标准结构的尺寸参数可查阅标准后得出。

零件的尺寸公差应根据装配图中所注写的配合公差确定。表面粗糙度和几何公差可以根据零件上各元素的功能、作用以及与相邻零件的连接、装配关系查阅相关资料后确定。

（5）归纳总结

在上述分析的基础上，归纳总结，得到对机器或部件的总体认识。

8.7.2　由装配图拆画零件图时应注意的问题

（1）拆画零件的类别

由装配图拆画零件图时，通常需要拆画的是一般零件。标准件、借用件、特殊件通常不需要拆画零件图。

（2）对表达方案的确定

零件图的表达方案应根据零件的结构特征重新考虑，但通常箱体类零件主视图表达方案可参考装配图进行。

（3）对零件结构形状的处理

拆画零件图时，应考虑设计和工艺的要求，补画出零件在装配图中没有画出的一些局部结构和标准结构。

（4）对零件图上尺寸的处理

装配图上已注出的尺寸可直接抄注在相应的零件图上。标准结构的尺寸数值，应查询相关标准后进行标注。零件图上的部分尺寸需根据装配图的数据进行计算后重新标注。其他尺寸应从装配图中直接量取，根据绘图比例标注。

（5）零件图上技术要求的确定

拆画的零件图上的表面粗糙度、尺寸公差与配合、几何公差等技术要求，应根据零件的作用，结合设计要求查阅有关手册或参考同类、相近产品的零件图来确定。

8.7.3　读装配图及由装配图拆画零件图举例

读图 8-17 所示齿轮油泵的装配图，并拆画泵体的零件图。

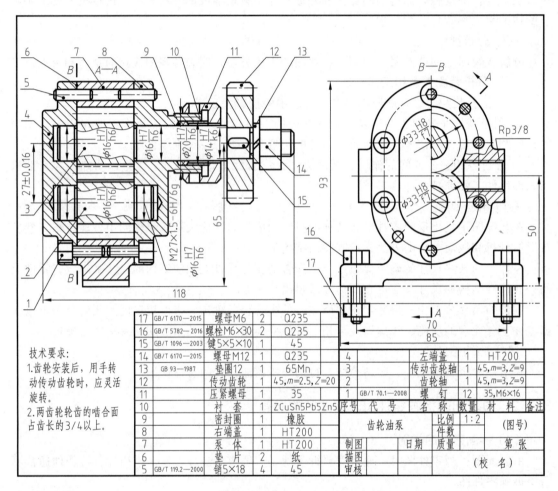

技术要求:
1.齿轮安装后，用手转
动传动齿轮时，应灵活
旋转。
2.两齿轮轮齿的啮合面
占齿长的3/4以上。

17	GB/T 6170—2015	螺母M6	2	Q235	
16	GB/T 5782—2016	螺栓M6×30	2	Q235	
15	GB/T 1096—2003	键5×5×10	1	45	
14	GB/T 6170—2015	螺母M12	1	Q235	
13	GB 93—1987	垫圈12	1	65Mn	
12		传动齿轮	1	45,m=2.5, Z=20	
11		压紧螺母	1	35	
10		衬套	1	ZCuSn5Pb5Zn5	
9		密封圈	1	橡胶	
8		右端盖	1	HT200	
7		泵体	1	HT200	
6		垫片	2	纸	
5	GB/T 119.2—2000	销5×18	4	45	

4		左端盖	1	HT200	
3		传动齿轮轴	1	45,m=3,Z=9	
2		齿轮轴	1	45,m=3,Z=9	
1	GB/T 70.1—2008	螺钉	12	35,M6×16	
序号	代　号	名　称	数量	材　料	备注

齿轮油泵		比例	1:2	(图号)
		件数		
制图		日期	质量	第　张
描图				
审核			(校　名)	

图 8-17　齿轮油泵装配图

（1）概括了解

根据标题栏、零件序号和明细栏可知，装配图表达的齿轮油泵由泵体、左端盖、右端盖、齿轮轴、传动齿轮轴、传动齿轮以及密封零件和紧固件等零件装配而成，其长、宽、高三个方向的外形尺寸分别是 118mm、85mm、93mm。技术要求中还用文字形式表达了相应的装配要求。

（2）分析视图

齿轮油泵装配图用主视图和左视图两个基本视图表达，主视图采用由单一剖切面剖切的全剖视图，反映了各个零件间的装配关系。左视图采用沿结合面剖切画法，从垫片 6 与泵体 7 结合处剖开画成半剖视图，表达了齿轮油泵的外形以及齿轮轴、传动齿轮轴的啮合情况。另外，在吸（压）油口处采用局部剖视图表达吸、压油口的内部结构形状。

（3）分析装配关系和工作原理

在泵体 7 的空腔中容纳有相互啮合的齿轮轴 2 和传动齿轮轴 3，两侧用左端盖 4、右端盖 8 支承。由销 5 将左、右端盖定位后，再由螺钉 1 将左、右端盖与泵体连接。为防止泵体与端盖的结合面处漏油，两侧用垫片 6 密封。传动齿轮轴 3 伸出端用密封圈 9、衬套 10、压紧螺母 11 密封。传动齿轮轴 3 与传动齿轮 12 用键 15 连接，并用垫圈 13 和螺母 14 压紧。齿轮油泵通过螺栓 16 和螺母 17 安装固定在基座上。

如图 8-18 所示，当传动齿轮 12 按逆时针方向转动时，通过键 15 将扭矩传递给传动齿轮轴 3，传动齿轮轴 3 带动齿轮轴 2 按顺时针方向转动。此时，啮合区内右边空间产生局部真空，油池内的油在大气压力作用下通过吸油口进入油泵。随着齿轮的转动，齿槽中的油被不断沿箭头方向从压油口处压出。

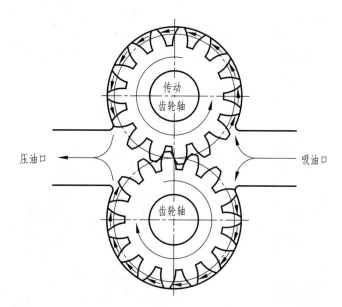

图 8-18　齿轮油泵工作原理

（4）分析零件

泵体是齿轮油泵的主要零件，其外形为长圆，中间加工有 8 字型通孔，用以容纳齿轮轴和传动齿轮轴，四周加工有两个定位销孔和六个螺孔，用以连接左端盖和右端盖。泵体前后两侧铸有凸台并作有螺孔，用以连接吸油和压油管道，下方有支承脚架，支承脚架上加工有通孔，用以穿入螺栓将齿轮油泵与基座连接。

齿轮油泵装配图中，尺寸 27 ± 0.016 是齿轮轴和传动齿轮轴的装配定位尺寸，尺寸 65 是传动齿轮轴轴线离泵体安装面的高度尺寸。尺寸 50 是吸、压油口距离泵体安装面的高度尺寸，Rp3/8 表示尺寸代号为 3/8 的 55°密封圆柱内螺纹。

齿轮油泵装配图中，齿轮轴和传动齿轮轴与左、右端盖上装配孔的配合尺寸是 $\phi16H7/h6$。衬套与右端盖上的孔的配合尺寸是 $\phi20H7/h6$。传动齿轮和传动齿轮轴的配合尺寸是 $\phi14H7/k6$。齿轮轴和传动齿轮轴的齿顶圆与泵体内腔的配合尺寸是 $\phi33H8/f7$。

其余未分析的零件结构、尺寸、配合的基准制、配合类别等请读者自行分析。

（5）由装配图拆画泵体零件图

在装配图的主视图上找到泵体的零件序号 7，顺着指引线确定泵体在主视图中的轮廓范围和基本形状并将其分离，如图 8-19（a）所示。根据投影关系找到泵体在左视图上的投影，并将其分离，如图 8-19（b）所示。结合主视图和左视图的投影，想象出泵体的结构形状，补画出其被遮挡的轮廓线，如图 8-19（c）、（d）所示。

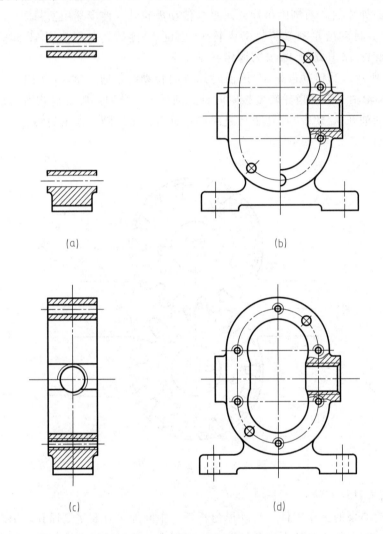

(a) (b)

(c) (d)

图 8-19 泵体零件图拆画过程
(a) 从装配图主视图中分离出泵体的视图；(b) 从装配图左视图中分离出泵体的视图
(c) 补全从装配图主视图中分离出的泵体视图上的图线；
(d) 补全从装配图左视图中分离出的泵体视图上的图线

　　从装配图的左视图中拆画出的泵体的视图反映了泵体的工作状态，并表达了其主要结构形状，因而将该视图作为泵体零件图的主视图，并采用两个局部剖分别表达吸、压油口及底座安装孔的结构，用旋转剖的右视图进一步表达主视图上尚未表达清楚的其他结构。

　　视图拆画完成后，按要求注出尺寸和技术要求。尺寸公差根据装配图中已有的要求抄注，其他技术要求查阅相关资料并根据齿轮油泵的工作情况进行确定。

　　图 8-20 是拆画完成后的泵体的零件图。

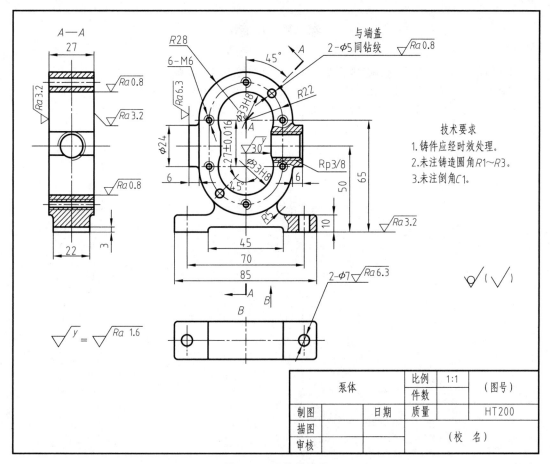

技术要求
1. 铸件应经时效处理。
2. 未注铸造圆角R1~R3。
3. 未注倒角C1。

泵体		比例	1:1	（图号）
		件数		
制图		日期	质量	HT200
描图				（校 名）
审核				

图 8-20　泵体零件图

参 考 文 献

[1]　叶玉驹，焦永和，张彤. 机械制图手册. 6 版. 北京：机械工业出版社，2022.

[2]　何铭新，钱可强，徐祖茂. 机械制图. 7 版. 北京：高等教育出版社，2016.

[3]　徐祖茂，吴战国，杨裕根. 工程制图. 北京：高等教育出版社，2013.

[4]　吕安吉，郝坤孝. 化工制图. 2 版. 北京：化学工业出版社，2023.

附　录

附录 A　螺纹

表 A-1　普通螺纹（摘自 GB/T 192—2003、GB/T 193—2003、GB/T 196—2003、GB/T 197—2018）

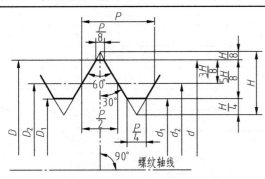

D—内螺纹的基本大径(公称直径)；

d—外螺纹的基本大径(公称直径)；

D_2—内螺纹的基本中径；

d_2—外螺纹的基本中径；

D_1—内螺纹的基本小径；

d_1—外螺纹的基本小径；

H—原始三角形高度($H=0.866025404P$)；

P—螺距。

标记示例：

M8(公称直径为 8mm，螺距为 1.25mm 的单线粗牙螺纹)

M10×1-5H6H(公称直径为 10mm，螺距为 1mm，中径公差带为 5H，顶径公差带为 6H 的内螺纹)

M10×1-5g6g(公称直径为 10mm，螺距为 1mm，中径公差带为 5g，顶径公差带为 6g 的外螺纹)

直径与螺距的标准组合系列			单位：mm
公称直径 D、d		螺距 P	
第 1 系列	第 2 系列	粗牙	细牙
3		0.5	0.35
	3.5	0.6	0.35
4		0.7	0.5
	4.5	0.75	0.5
5		0.8	0.5
6		1	0.75
	7	1	0.75
8		1.25	0.75,1
10		1.5	0.75,1,1.25
12		1.75	1,1.25
	14	2	1,1.25[①],1.5

公称直径 D、d		螺距 P	
第 1 系列	第 2 系列	粗牙	细牙
16		2	1,1.5
	18	2.5	1,1.5,2
20		2.5	1,1.5,2
	22	2.5	1,1.5,2
24		3	1,1.5,2
	27	3	1,1.5,2
30		3.5	1,1.5,2,(3)
	33	3.5	1.5,2,(3)
36		4	1.5,2,3
	39	4	1.5,2,3
42		4.5	1.5,2,3,4
	45	4.5	1.5,2,3,4
48		5	1.5,2,3,4
	52	5	1.5,2,3,4
56		5.5	1.5,2,3,4
	60	5.5	1.5,2,3,4
64		6	1.5,2,3,4
	68	6	1.5,2,3,4
72			1.5,2,3,4,6
	76		1.5,2,3,4,6
80			1.5,2,3,4,6
	85		2,3,4,6
90			2,3,4,6
	95		2,3,4,6
100			2,3,4,6
	105		2,3,4,6
110			2,3,4,6
	115		2,3,4,6
	120		2,3,4,6
125			2,3,4,6,8
	130		2,3,4,6,8
140			2,3,4,6,8
	150		2,3,4,6,8
160			3,4,6,8
	170		3,4,6,8
180			3,4,6,8

公称直径 D,d		螺距 P	
第1系列	第2系列	粗牙	细牙
	190		3,4,6,8
200			3,4,6,8
	210		3,4,6,8
220			3,4,6,8
	240		3,4,6,8
250			3,4,6,8
	260		4,6,8
280			4,6,8
	300		4,6,8

注：1. 公称直径 D、d 为 1~2.5mm 未列入，第3系列未列入。

2. 优先选用第1系列，其次选择第2系列，最后选择第3系列。尽可能避免使用括号内的螺距。

3. 基本尺寸的中径 D_2，d_2，小径 D_1，d_1 见 GB/T 196—2003。其中，$D_2 = D - 0.6495P$，$d_2 = d - 0.6495P$，$D_1 = D - 1.0825P$，$d_1 = d - 1.0825P$。

① 仅用于发动机的火花塞。

表 A-2 梯形螺纹（摘自 GB/T 5796.1—2022、GB/T 5796.2—2022）

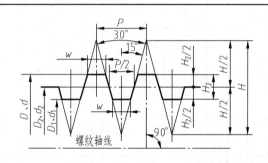

D—基本牙型上的内螺纹大径(公称直径)；

d—外螺纹大径(公称直径)；

D_2—内螺纹中径；

d_2—外螺纹中径；

D_1—内螺纹小径；

d_1—基本牙型上的外螺纹小径；

H—原始三角形高度[$H = P/(2\tan 15°)$]；

H_2—基本牙型牙高($H_1 = 0.5P$)；

P—螺距，$w = 0.366P$。

标记示例：

Tr40×7-7H(单线梯形内螺纹,公称直径 $d = 40$mm,螺距 $P = 7$mm,右旋,中径公差带为 7H,中等旋合长度)

直径与螺距的标准组合系列																								单位:mm
公称直径(D,d)			螺距(P)																					
第1系列	第2系列	第3系列	44	40	36	32	28	24	22	20	18	16	14	12	10	9	8	7	6	5	4	3	2	1.5
8																								1.5
	9																						2	1.5
10																							2	1.5
	11																						3	2
12																							3	2
	14																						3	2
16																				4			2
	18																				4			2
20																				4			2
	22																8		5			3		
24																	8		5			3		
	26																8		5			3		

公称直径(D、d)			螺距(P)																				
第1系列	第2系列	第3系列	44	40	36	32	28	24	22	20	18	16	14	12	10	9	8	7	6	5	4	3	2	1.5
28																	8			5		3		
	30														10				6			3		
32															10				6			3		
	34														10				6			3		
36															10				6			3		
	38														10			7				3		
40															10			7				3		
	42														10			7				3		
44														12				7				3		
	46														12			8				3		
48														12			8				3		
	50														12		8					3		
52														12			8					3		
	55												14			9						3		
		60											14			9						3		
	65										16				10					4				
70											16				10					4				
	75										16				10					4				
80											16				10					4				
	85									18		12								4				
		90								18		12								4				
	95									18		12								4				
100								20			12								4				
		105						20			12								4				
110								20			12								4				
		115							22		14						6						
120									22		14						6						
		125							22		14						6						
	130								22		14						6						
		135						24			14						6						
140								24			14						6						
		145						24			14						6						
	150							24		16							6						
		155						24		16							6						
160							28			16							6						
		165						28			16							6						
	170						28			16							6						
		175						28			16					8							
180							28		18						8							
		185				32			18						8							
	190					32			18						8							
		195				32			18						8							
200						32			18						8							
	210				36			20							8							
220					36			20							8							
	230				36			20							8							
240					36		22								8							
		250		40				22					12									
260				40				22					12									
	270			40			24						12									
280				40			24						12									
	290		44				24						12									
300			44				24						12									

注：基本牙型尺寸见GB/T 5796.1—2022，其中，$H=P/(2\tan15°)$，$H_1=0.5P$，牙顶和牙底宽$=0.366P$。

表 A-3　55°密封管螺纹

第 1 部分：圆柱内螺纹与圆锥外螺纹（摘自 GB/T 7306.1—2000）

第 2 部分：圆锥内螺纹与圆锥外螺纹（摘自 GB/T 7306.2—2000）

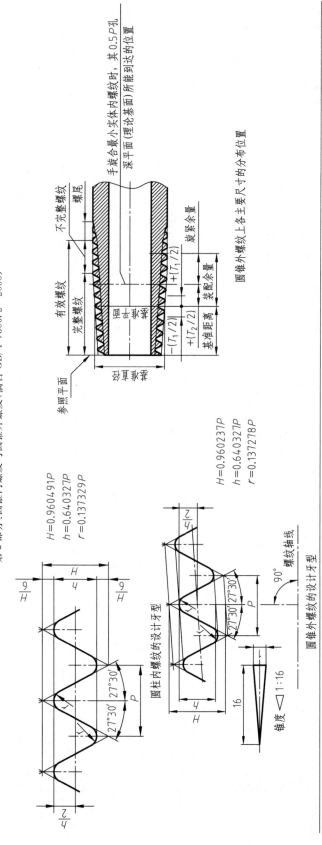

圆柱内螺纹的设计牙型

$$H=0.960491P$$
$$h=0.640327P$$
$$r=0.137329P$$

圆锥外螺纹的设计牙型

$$H=0.960237P$$
$$h=0.640327P$$
$$r=0.137278P$$

锥度 ◁ 1:16

螺纹特征代号：Rp 表示圆柱内螺纹；

R$_1$ 表示与圆柱内螺纹相配合的圆锥外螺纹；

Rc 表示圆锥内螺纹；

R$_2$ 表示与圆锥内螺纹相配合的圆锥外螺纹。

标记示例：Rp 3/4（尺寸代号为 3/4 的右旋圆柱内螺纹）

R$_1$ 3（与圆柱内螺纹相配合的尺寸代号为 3 的右旋圆锥外螺纹）

Rc 3/4（尺寸代号为 3/4 的右旋圆锥内螺纹）

R$_2$ 3（与圆锥内螺纹相配合的尺寸代号为 3 的右旋圆锥外螺纹）

螺纹中径和小径的基本尺寸计算公式：$D_2=d_2=d-h=d-0.640327P$，$D_1=d_1=d-2h=d-1.280654P$

螺纹的基本尺寸及其公差(摘自 GB/T 7306.1—2000、GB/T 7306.2—2000)

1	2	3	4	5	6	7	8	9	10	11	12	13	14	15	16	17	18	19	20	21
尺寸代号	每25.4mm内所包含的牙数 n	螺距 P/mm	牙高 h/mm	大径(基准直径) $d=D$/mm	中径 $D_2=d_2$/mm	小径 $D_1=d_1$/mm	基本/mm	基准距离 极限偏差$\pm T_1/2$ mm	圈数	最大/mm	最小/mm	装配余量 mm	圈数	外螺纹的有效螺纹不小于 基准距离 基本/mm	最大/mm	最小/mm	圆柱内螺纹直径的极限偏差$\pm$ 径向/mm	轴向圈数 $T_2/2$	圆锥内螺纹基准平面位置的极限偏差$\pm T_2/2$ mm	圈数
1/16	28	0.907	0.581	7.723	7.142	6.561	4	0.9	1	4.9	3.1	2.5	2¾	6.5	7.4	5.6	0.071	1¼	1.1	1¼
1/8	28	0.907	0.581	9.728	9.147	8.566	4	0.9	1	4.9	3.1	2.5	2¾	6.5	7.4	5.6	0.071	1¼	1.1	1¼
1/4	19	1.337	0.856	13.157	12.301	11.445	6	1.3	1	7.3	4.7	3.7	2¾	9.7	11	8.4	0.104	1¼	1.7	1¼
3/8	19	1.337	0.856	16.662	15.806	14.950	6.4	1.3	1	7.7	5.1	3.7	2¾	10.1	11.4	8.8	0.104	1¼	1.7	1¼
1/2	14	1.814	1.162	20.955	19.793	18.631	8.2	1.3	1	10.0	6.4	5.0	2¾	13.2	15	11.4	0.142	1¼	2.3	1¼
3/4	14	1.814	1.162	26.441	25.279	24.117	9.5	1.8	1	11.3	7.7	5.0	2¾	14.5	16.3	12.7	0.142	1¼	2.3	1¼
1	11	2.309	1.479	33.249	31.770	30.291	10.4	2.3	1	12.7	8.1	6.4	2¾	16.8	19.1	14.5	0.180	1¼	2.9	1¼
1¼	11	2.309	1.479	41.910	40.431	38.952	12.7	2.3	1	15.0	10.4	6.4	2¾	19.1	21.4	16.8	0.180	1¼	2.9	1¼
1½	11	2.309	1.479	47.803	46.324	44.845	12.7	2.3	1	15.0	10.4	6.4	2¾	19.1	21.4	16.8	0.180	1¼	2.9	1¼
2	11	2.309	1.479	59.614	58.135	56.656	15.9	2.3	1	18.2	13.6	7.5	3¼	23.4	25.7	21.1	0.180	1¼	2.9	1¼
2½	11	2.309	1.479	75.184	73.705	72.226	17.5	3.5	1½	21.0	14.0	9.2	4	26.7	30.2	23.2	0.216	1½	3.5	1½
3	11	2.309	1.479	87.884	86.405	84.926	20.6	3.5	1½	24.1	17.1	9.2	4	29.8	33.3	26.3	0.216	1½	3.5	1½
4	11	2.309	1.479	113.030	111.551	110.072	25.4	3.5	1½	28.9	21.9	10.4	4½	35.8	39.3	32.3	0.216	1½	3.5	1½
5	11	2.309	1.479	138.430	136.951	135.472	28.6	3.5	1½	32.1	25.1	11.5	5	40.1	43.6	36.6	0.216	1½	3.5	1½
6	11	2.309	1.479	163.830	162.351	160.872	28.6	3.5	1½	32.1	25.1	11.5	5	40.1	43.6	36.6	0.216	1½	3.5	1½

表 A-4　55°非密封管螺纹（摘自 GB/T 7307—2001）

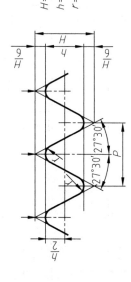

螺纹大径、中径和小径的基本尺寸按下式计算：

$$D=d,\ D_2=d_2=d-h=d-0.640327P,\ D_1=d_1=d-2h=d-1.280654P$$

螺纹特征代号：G

标记示例：

G2（尺寸代号为 2 的右旋圆柱内螺纹）

G3A（尺寸代号为 3 的 A 级右旋圆柱外螺纹）

G4B（尺寸代号为 4 的 B 级右旋圆柱外螺纹）

$H=0.960491P$

$h=0.640327P$

$r=0.137329P$

螺纹的基本尺寸及其公差

尺寸代号	每25.4mm内所包含的牙数 n	螺距 P/mm	牙高 h/mm	基本直径 大径 d=D/mm	基本直径 中径 $D_2=d_2$/mm	基本直径 小径 $D_1=d_1$/mm	中径公差① 内螺纹 下偏差/mm	中径公差① 内螺纹 上偏差/mm	中径公差① 下偏差 A级/mm	中径公差① 下偏差 B级/mm	中径公差① 外螺纹 上偏差/mm	小径公差 内螺纹 下偏差/mm	小径公差 内螺纹 上偏差/mm	大径公差 外螺纹 下偏差/mm	大径公差 外螺纹 上偏差/mm
1/16	28	0.907	0.581	7.723	7.142	6.561	0	+0.107	−0.107	−0.214	0	0	+0.282	−0.214	0
1/8	28	0.907	0.581	9.728	9.147	8.566	0	+0.107	−0.107	−0.214	0	0	+0.282	−0.214	0
1/4	19	1.337	0.856	13.157	12.301	11.445	0	+0.125	−0.125	−0.250	0	0	+0.445	−0.250	0
3/8	19	1.337	0.856	16.662	15.806	14.950	0	+0.125	−0.125	−0.250	0	0	+0.445	−0.250	0
1/2	14	1.814	1.162	20.955	19.793	18.631	0	+0.142	−0.142	−0.284	0	0	+0.541	−0.284	0
5/8	14	1.814	1.162	22.911	21.749	20.587	0	+0.142	−0.142	−0.284	0	0	+0.541	−0.284	0
3/4	14	1.814	1.162	26.441	25.279	24.117	0	+0.142	−0.142	−0.284	0	0	+0.541	−0.284	0
7/8	14	1.814	1.162	30.201	29.039	27.877	0	+0.142	−0.142	−0.284	0	0	+0.541	−0.284	0
1	11	2.309	1.479	33.249	31.770	30.291	0	+0.180	−0.180	−0.360	0	0	+0.640	−0.360	0
1⅛	11	2.309	1.479	37.897	36.418	34.939	0	+0.180	−0.180	−0.360	0	0	+0.640	−0.360	0

续表

螺纹的基本尺寸及其公差①

尺寸代号	每25.4mm内所包含的牙数 n	螺距 P/mm	牙高 h/mm	基本直径 大径 $d=D$/mm	基本直径 中径 $D_2=d_2$/mm	基本直径 小径 $D_1=d_1$/mm	中径公差① 内螺纹 下偏差/mm	中径公差① 内螺纹 上偏差/mm	中径公差① 外螺纹 下偏差 A级/mm	中径公差① 外螺纹 下偏差 B级/mm	中径公差① 外螺纹 上偏差/mm	小径公差 内螺纹 下偏差/mm	小径公差 内螺纹 上偏差/mm	大径公差 外螺纹 下偏差/mm	大径公差 外螺纹 上偏差/mm
1¼	11	2.309	1.479	41.910	40.431	38.952	0	+0.180	−0.180	−0.360	0	0	+0.640	−0.360	0
1½	11	2.309	1.479	47.803	46.324	44.845	0	+0.180	−0.180	−0.360	0	0	+0.640	−0.360	0
1¾	11	2.309	1.479	53.746	52.267	50.788	0	+0.180	−0.180	−0.360	0	0	+0.640	−0.360	0
2	11	2.309	1.479	59.614	58.135	56.656	0	+0.180	−0.180	−0.360	0	0	+0.640	−0.360	0
2¼	11	2.309	1.479	65.710	64.231	62.752	0	+0.217	−0.217	−0.434	0	0	+0.640	−0.434	0
2½	11	2.309	1.479	75.184	73.705	72.226	0	+0.217	−0.217	−0.434	0	0	+0.640	−0.434	0
2¾	11	2.309	1.479	81.534	80.055	78.576	0	+0.217	−0.217	−0.434	0	0	+0.640	−0.434	0
3	11	2.309	1.479	87.884	86.405	84.926	0	+0.217	−0.217	−0.434	0	0	+0.640	−0.434	0
3½	11	2.309	1.479	100.330	98.851	97.372	0	+0.217	−0.217	−0.434	0	0	+0.640	−0.434	0
4	11	2.309	1.479	113.030	111.551	110.072	0	+0.217	−0.217	−0.434	0	0	+0.640	−0.434	0
4½	11	2.309	1.479	125.730	124.251	122.772	0	+0.217	−0.217	−0.434	0	0	+0.640	−0.434	0
5	11	2.309	1.479	138.430	136.951	135.472	0	+0.217	−0.217	−0.434	0	0	+0.640	−0.434	0
5½	11	2.309	1.479	151.130	149.651	148.172	0	+0.217	−0.217	−0.434	0	0	+0.640	−0.434	0
6	11	2.309	1.479	163.830	162.351	160.872	0	+0.217	−0.217	−0.434	0	0	+0.640	−0.434	0

① 对薄壁件，此公差适用于平均中径，该中径是测量两个相互垂直直径的算术平均值。

附录 B　常用标准件

表 B-1　六角头螺栓（一）

六角头螺栓——A级和B级（摘自 GB/T 5782—2016）

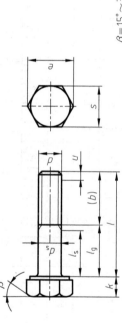

$β=15°～30°, u≤2P$

标记示例：

螺纹规格为 M12、公称长度 l=80mm、性能等级为8.8级、表面不经处理、产品等级为A级的六角头螺栓标记为：螺栓　GB/T 5782—2016　M12×80

螺纹规格为 M12×1.5、公称长度 l=80mm、细牙螺纹、性能等级为8.8级、表面不经处理、产品等级为A级的六角头螺栓标记为：螺栓　GB/T 5785—2016　M12×1.5×80

六角头螺栓——A级和B级优选的螺纹规格

单位：mm

螺纹规格 d		M1.6	M2	M2.5	M3	M4	M5	M6	M8	M10
P①		0.35	0.4	0.45	0.5	0.7	0.8	1	1.25	1.5
$b_{参考}$	②	9	10	11	12	14	16	18	22	26
	③	15	16	17	18	20	22	24	28	32
	④	28	29	30	31	33	35	37	41	45
c	max	0.25	0.25	0.25	0.40	0.40	0.50	0.50	0.60	0.60
	min	0.10	0.10	0.10	0.15	0.15	0.15	0.15	0.15	0.15
d_a	max	2	2.6	3.1	3.6	4.7	5.7	6.8	9.2	1.2

螺纹规格 d 公称=max		M1.6	M2	M2.5	M3	M4	M5	M6	M8	M10
d_s	产品等级 A min	1.46	1.86	2.36	2.86	3.82	4.82	5.82	7.78	9.78
	产品等级 B min	1.35	1.75	2.25	2.75	3.70	4.70	5.70	7.64	9.64
d_w	产品等级 A min	2.27	3.07	4.07	4.57	5.88	6.88	8.88	11.63	14.63
	产品等级 B min	2.30	2.95	3.95	4.45	5.74	6.74	8.74	11.47	14.47
e	产品等级 A min	3.41	4.32	5.45	6.01	7.66	8.79	11.05	14.38	17.77
	产品等级 B min	3.28	4.18	5.31	5.88	7.50	8.63	10.89	14.20	17.59
l_f	max	0.6	0.8	1	1	1.2	1.2	1.4	2	2
k	公称 max	1.1	1.4	1.7	2	2.8	3.5	4	5.3	6.4
	产品等级 A max	1.225	1.525	1.825	2.125	2.925	3.65	4.15	5.45	6.58
	产品等级 A min	0.975	1.275	1.575	1.875	2.675	3.35	3.85	5.15	6.22
	产品等级 B max	1.3	1.6	1.9	2.2	3.0	3.74	4.24	5.54	6.69
	产品等级 B min	0.9	1.2	1.5	1.8	2.6	3.26	3.76	5.06	6.11
$k_\mathrm{w}^①$	产品等级 A min	0.68	0.89	1.10	1.31	1.87	2.35	2.70	3.61	4.35
	产品等级 B min	0.63	0.84	1.05	1.26	1.82	2.28	2.63	3.54	4.28
r	min	0.1	0.1	0.1	0.1	0.2	0.2	0.25	0.4	0.4
s	公称=max	3.20	4.00	5.00	5.50	7.00	8.00	10.00	13.00	16.00
	产品等级 A min	3.02	3.82	4.82	5.32	6.78	7.78	9.78	12.73	15.73
	产品等级 B min	2.90	3.70	4.70	5.20	6.64	7.64	9.64	12.57	15.57

续表

表中"折线以上的规格推荐采用 GB/T 5783—2016"

l_s 和 l_g①

公称	产品等级 A min	A max	B min	B max	M1.6 l_s min	M1.6 l_g max	M2 l_s min	M2 l_g max	M2.5 l_s min	M2.5 l_g max	M3 l_s min	M3 l_g max	M4 l_s min	M4 l_g max	M5 l_s min	M5 l_g max	M6 l_s min	M6 l_g max	M8 l_s min	M8 l_g max	M10 l_s min	M10 l_g max
12	11.65	12.35	—	—	1.2	3																
16	15.65	16.35	—	—	5.2	7	4	6														
20	19.58	20.42	18.95	21.05			8	10	2.75	5												
25	24.58	25.42	23.95	26.05					6.75	9	5.5	8										
30	29.58	30.42	28.95	31.05					11.75	14	10.5	13	7.5	11								
35	34.5	35.5	33.75	36.25							15.5	18	12.5	16	5	9						
40	39.5	40.5	38.75	41.25									17.5	21	10	14						
45	44.5	45.5	43.75	46.25									22.5	26	15	19	7	12				
50	49.5	50.5	48.75	51.25											20	24	12	17				
55	54.4	55.6	53.5	56.5											25	29	17	22	11.74	18		
60	59.4	60.6	58.5	61.5											30	34	22	27	15.75	23		
65	64.4	65.6	63.5	66.5													27	32	21.75	28	11.5	19
70	69.4	70.6	68.5	71.5													32	37	26.75	33	16.5	24
80	79.4	80.6	78.5	81.5													37	42	31.75	38	21.5	29
90	89.3	90.7	88.25	91.75															36.75	43	26.5	34
100	99.3	100.7	98.25	101.75															41.75	48	31.5	39
110	109.3	100.7	108.25	111.75															51.75	58	36.5	44
120	119.3	120.7	118.25	121.75																	46.5	54
																					56.5	64
																					66.5	74

折线以上的规格推荐采用 GB/T 5783—2016

续表

螺纹规格 d			M12	M16	M20	M24	M30	M36	M42	M48	M56	M64
P①			1.75	2	2.5	3	3.5	4	4.5	5	5.5	6
$b_{参考}$	②		30	38	46	54	66	—	—	—	—	—
	③		36	44	52	60	72	84	96	108	—	—
	④		49	57	65	73	85	97	109	121	137	153
c		max	0.60	0.8	0.8	0.8	0.8	0.8	1.0	1.0	1.0	1.0
		min	0.15	0.2	0.2	0.2	0.2	0.2	0.3	0.3	0.3	0.3
d_a		max	13.7	17.7	22.4	26.4	33.4	39.4	45.6	52.6	63	71
d_s	公称=max		12.00	16.00	20.00	24.00	30.00	36.00	42.00	48.00	56.00	64.00
	产品等级 A	min	11.73	15.73	19.67	23.67	—	—	—	—	—	—
	产品等级 B	min	11.57	15.57	19.48	23.48	29.48	35.38	41.38	47.38	55.26	63.26
d_w	产品等级 A	min	16.63	22.49	28.19	33.61	—	—	—	—	—	—
	产品等级 B	min	16.47	22	27.7	33.25	42.75	51.11	59.95	69.45	78.66	88.16
e	产品等级 A	min	20.03	26.75	33.53	39.98	—	—	—	—	—	—
	产品等级 B	min	19.85	26.17	32.95	39.55	50.85	60.79	71.3	82.6	93.56	104.86
l_f		max	3	3	4	4	6	6	8	10	12	13
k	公称		7.5	10	12.5	15	18.7	22.5	26	30	35	40
	产品等级 A	max	7.68	10.18	12.715	15.215	—	—	—	—	—	—
		min	7.32	9.82	12.285	14.785	—	—	—	—	—	—
	产品等级 B	max	7.79	10.29	12.85	15.35	19.12	22.92	26.42	30.42	35.5	40.5
		min	7.21	9.71	12.15	14.65	18.28	22.08	25.58	29.58	34.5	39.5
k_w②	产品等级 A	min	5.12	6.87	8.6	10.35	—	—	—	—	—	—
	产品等级 B	min	5.05	6.8	8.51	10.26	12.8	15.46	17.91	20.71	24.15	27.65
r		min	0.6	0.6	0.8	0.8	1	1	1.2	1.6	2	2
s	公称=max		18.00	24.00	30.00	36.00	46	55.0	65.0	75.0	85.0	95.0
	产品等级 A	min	17.73	23.67	29.67	35.38	—	—	—	—	—	—
	产品等级 B	min	17.57	23.16	29.16	35.00	45	53.8	63.1	73.1	82.8	92.8

续表

螺纹规格 d ｜ 产品等级 l ｜ l_s 和 l_g ①

公称 l	A min	A max	B min	B max	M12 $l_s$min	M12 $l_g$max	M16 $l_s$min	M16 $l_g$max	M20 $l_s$min	M20 $l_g$max	M24 $l_s$min	M24 $l_g$max	M30 $l_s$min	M30 $l_g$max	M36 $l_s$min	M36 $l_g$max	M42 $l_s$min	M42 $l_g$max	M48 $l_s$min	M48 $l_g$max	M56 $l_s$min	M56 $l_g$max	M64 $l_s$min	M64 $l_g$max
50	49.5	50.5	—	—	11.25	20																		
55	54.4	55.6	53.5	56.5	16.25	25																		
60	59.4	60.6	58.5	61.5	21.25	30																		
65	64.4	65.6	63.5	66.5	26.25	35	17	27																
70	69.4	70.6	68.5	71.5	31.25	40	22	32																
80	79.4	80.6	78.5	81.5	41.25	50	32	42	21.5	34														
90	89.3	90.7	88.25	91.75	51.25	60	42	52	31.5	44	21	36												
100	99.3	100.7	98.25	101.75	61.25	70	52	62	41.5	54	31	46												
110	109.3	110.7	108.25	111.75	71.25	80	62	72	51.5	64	41	56	26.5	44										
120	119.3	120.7	118.25	121.75	81.25	90	72	82	61.5	74	51	66	36.5	54										
130	129.2	130.8	128	132			76	86	65.5	78	55	70	40.5	58										
140	139.2	140.8	138	142			86	96	75.5	88	65	80	50.5	68	36	56								
150	149.2	150.8	148	152			96	106	85.5	98	75	90	60.5	78	46	66								
160	—	—	158	162			106	116	95.5	108	85	100	70.5	88	56	76	41.5	64						
180	—	—	178	182					115.5	128	105	120	90.5	108	76	96	61.5	84	47	72				
200	—	—	197.7	202.3					135.5	148	125	140	110.5	128	96	116	81.5	104	67	92				
220	—	—	217.7	222.3							132	147	117.5	135	103	123	88.5	111	74	99	55.5	83		
240	—	—	237.7	242.3							152	167	137.5	155	123	143	108.5	131	94	119	75.5	103		
260	—	—	257.4	262.6									157.5	175	143	163	128.5	151	114	139	95.5	123	77	107
280	—	—	277.4	282.6									177.5	195	163	183	148.5	171	134	159	115.5	143	97	127
300	—	—	297.4	302.6									197.5	215	183	203	168.5	191	154	179	135.5	163	117	147
320	—	—	317.15	322.85											203	223	188.5	211	174	199	155.5	183	137	167
340	—	—	337.15	342.85											223	243	208.5	231	194	219	175.5	203	157	187
360	—	—	357.15	362.85											243	263	228.5	251	214	239	195.5	223	177	207
380	—	—	377.15	382.85													248.5	271	234	259	215.5	243	197	227
400	—	—	397.15	402.85													268.5	291	254	279	235.5	263	217	247
420	—	—	416.85	423.15													288.5	311	274	299	255.5	283	237	267
440	—	—	436.85	443.15													308.5	331	294	319	275.5	303	257	287
460	—	—	456.85	463.15															314	339	295.5	323	277	307
480	—	—	476.85	483.15															334	359	315.5	343	297	327
500	—	—	496.85	503.15																	335.5	363	317	347

注：优选长度由 $l_{s,min}$ 和 $l_{g,max}$ 确定。阶梯虚线以上为 A 级，阶梯虚线以下为 B 级。

① P 为螺距。

② $l_{公称} \le 125mm$。

③ $125mm < l_{公称} \le 200mm$。

④ $l_{公称} > 200mm$。

⑤ $k_{w,min} = 0.7k_{min}$。

⑥ $l_{g,max} = l_{公称} - b$，$l_{s,min} = l_{g,max} - 5P$。

表 B-2　六角头螺栓（二）

六角头螺栓—C 级（摘自 GB/T 5780—2016）

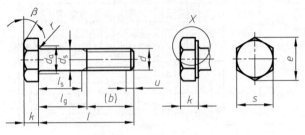

$\beta=15°\sim30°,u\leqslant2P$

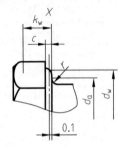

标记示例：

　　螺纹规格为 M12、公称长度 $l=80$mm、性能等级为 4.8 级、表面不经处理、产品等级为 C 级的六角头螺栓标记为：

　　螺栓 GB/T 5780—2016 M12×80

六角头螺栓—C 级优选的螺纹规格							单位：mm
螺纹规格 d		M5	M6	M8	M10	M12	M16	M20
$P^{①}$		0.8	1	1.25	1.5	1.75	2	2.5
$b_{参考}$	②	16	18	22	26	30	38	46
	③	22	24	28	32	36	44	52
	④	35	37	41	45	49	57	65
c	max	0.5	0.5	0.6	0.6	0.6	0.8	0.8
d_{a}	max	6	7.2	10.2	12.2	14.7	18.7	24.4
d_{s}	max	5.48	6.48	8.58	10.58	12.7	16.7	20.84
	min	4.52	5.52	7.42	9.42	11.3	15.3	19.16
d_{w}	min	6.74	8.74	11.47	14.47	16.47	22	27.7
e	min	8.63	10.89	14.2	17.59	19.85	26.17	32.95
k	公称	3.5	4	5.3	6.4	7.5	10	12.5
	max	3.875	4.375	5.675	6.85	7.95	10.75	13.4
	min	3.125	3.625	4.925	5.95	7.05	9.25	11.6
$k_{w}^{⑤}$	min	2.19	2.54	3.45	4.17	4.94	6.48	8.12
r	min	0.2	0.25	0.4	0.4	0.6	0.6	0.8
s	公称 max	8.00	10.00	13.00	16.00	18.00	24.00	30.00
	min	7.64	9.64	12.57	15.57	17.57	23.16	29.16

续表

螺纹规格 d			M5		M6		M8		M10		M12		M16		M20	
l			l_s 和 l_g [⑥]													
公称	min	max	l_s	l_g	l_s	l_g	l_s	l_g	l_s	l_g	l_s	l_g	l_s	l_g	l_s	l_g
			min	max	min	max	min	max	min	max	min	max	min	max	min	max
25	23.95	26.05	5	9												
30	28.95	31.05	10	14	7	12	折线以上的规格推荐采用 GB/T 5781—2016									
35	33.75	36.25	15	19	12	17										
40	38.75	41.25	20	24	17	22	11.75	18								
45	43.75	46.25	25	29	22	27	16.75	23	11.5	19						
50	48.75	51.25	30	34	27	32	21.75	28	16.5	24						
55	53.5	56.5			32	37	26.75	33	21.5	29	16.25	25				
60	58.5	61.5			37	42	31.75	38	26.5	34	21.25	30				
65	63.5	66.5					36.75	43	31.5	39	26.25	35	17	27		
70	68.5	71.5					41.75	48	36.5	44	31.25	40	22	32		
80	78.5	81.5					51.75	58	46.5	54	41.25	50	32	42	21.5	34
90	88.25	91.75							56.5	64	51.25	60	42	52	31.5	44
100	98.25	101.75							66.5	74	61.25	70	52	62	41.5	54
110	108.25	111.75									71.25	80	62	72	51.5	64
120	118.25	121.75									81.25	90	72	82	61.5	74
130	128	132											76	86	65.5	78
140	138	142											86	96	75.5	88
150	148	152											96	106	85.5	98
160	156	164											106	116	95.5	108
180	176	184													115.5	128
200	195.4	204.6													135.5	148
220	215.4	224.6														
240	235.4	244.6														
260	254.8	265.2														
280	274.8	285.2														
300	294.8	305.2														
320	314.3	325.7														
340	334.3	345.7														
360	354.3	365.7														
380	374.3	385.7														
400	394.3	405.7														
420	413.7	426.3														
440	433.7	446.3														
460	453.7	466.3														
480	473.7	486.3														
500	493.7	506.3														

螺纹规格 d		M24	M30	M36	M42	M48	M56	M64
P [①]		3	3.5	4	4.5	5	5.5	6
$b_{参考}$	②	54	66	—	—	—	—	—
	③	60	72	84	96	108	—	—
	④	73	85	97	109	121	137	153
c	max	0.8	0.8	0.8	1	1	1	1
d_a	max	28.4	35.4	42.4	48.6	56.6	67	75
d_s	max	24.84	30.84	37	43	49	57.2	65.2
	min	23.16	29.16	35	41	47	54.8	62.8
d_w	min	33.25	42.75	51.11	59.95	69.45	78.66	88.16
e	min	39.55	50.85	60.79	71.3	82.6	93.56	104.86

续表

螺纹规格 d		M24	M30	M36	M42	M48	M56	M64
k	公称	15	18.7	22.5	26	30	35	40
	max	15.9	19.75	23.55	27.05	31.05	36.25	41.25
	min	14.1	17.65	21.45	24.95	28.95	33.75	38.75
k_w[⑤]	min	9.87	14.36	15.02	17.47	20.27	23.63	27.13
r	min	0.8	1	1	1.2	1.6	2	2
s	公称 max	36	46	55.0	65.0	75.0	85.0	95.0
	min	35	45	53.8	63.1	73.1	82.8	92.8

l			l_s 和 l_g[⑥]														
公称	min	max	l_s	l_g	l_s	l_g	l_s	l_g	l_s	l_g	l_s	l_g	l_s	l_g	l_s	l_g
			min	max	min	max	min	max	min	max	min	max	min	max	min	max
25	23.95	26.05														
30	28.95	31.05														
35	33.75	36.25														
40	38.75	41.25														
45	43.75	46.25														
50	48.75	51.25														
55	53.5	56.5														
60	58.5	61.5														
65	63.5	66.5														
70	68.5	71.5														
80	78.5	81.5														
90	88.25	91.75														
100	98.25	101.75	31	46												
110	108.25	111.75	41	56												
120	118.25	121.75	51	66	36.5	54										
130	128	132	55	70	40.5	58										
140	138	142	65	80	50.5	68	36	56								
150	148	152	75	90	60.5	78	46	66								
160	156	164	85	100	70.5	88	56	76								
180	176	184	105	120	90.5	108	76	96	61.5	84						
200	195.4	204.6	125	140	110.5	128	96	116	81.5	104	67	92				
220	215.4	224.6	132	117	117.5	135	103	123	88.5	111	74	99				
240	235.4	244.6	152	167	137.5	155	123	143	108.5	131	94	119	75.5	103		
260	254.8	265.2			157.5	175	143	163	128.5	151	114	139	95.5	123	77	107
280	274.8	285.2			177.5	195	163	183	148.5	171	134	159	115.5	143	97	127
300	294.8	305.2			197.5	215	183	203	168.5	191	154	179	135.5	163	117	147
320	314.3	325.7					203	223	188.5	211	174	199	155.5	183	137	167
340	334.3	345.7					223	243	208.5	231	194	219	175.5	203	157	187
360	354.3	365.7					243	263	228.5	251	214	239	195.5	223	177	207
380	374.3	385.7							248.5	271	234	259	215.5	243	197	227
400	394.3	405.7							268.5	291	254	279	235.5	263	217	247
420	413.7	426.3							288.5	311	274	299	255.5	283	237	267
440	433.7	446.3									294	319	275.5	303	257	287
460	453.7	466.3									314	339	295.5	323	277	307
480	473.7	486.3									334	359	315.5	343	297	327
500	493.7	506.3											335.5	363	317	347

折线以上的规格推荐采用 GB/T 5781—2016

注：优选长度由 $l_{s,min}$ 和 $l_{g,max}$ 确定。

① P 为螺距。

② $l_{公称} \leqslant 125 \text{mm}$。

③ $125 \text{mm} < l_{公称} \leqslant 200 \text{mm}$。

④ $l_{公称} > 200 \text{mm}$。

⑤ $k_{w,min} = 0.7 k_{min}$。

⑥ $l_{g,max} = l_{公称} - b$，$l_{s,min} = l_{g,max} - 5P$。

表 B-3　Ⅰ型六角螺母

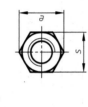

Ⅰ型六角螺母——A级和B级（摘自 GB/T 6170—2015）
Ⅰ型六角螺母（细牙）——A级和B级（摘自 GB/T 6171—2016）
Ⅰ型六角螺母——C级（摘自 GB/T 41—2016）

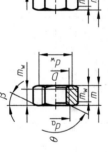

$\beta=15°\sim30°$, $\theta=90°\sim120°$

标记示例:

螺纹规格为 M12,性能等级为 8 级,表面不经处理,产品等级为 A 级的Ⅰ型六角螺母标记为:螺母 GB/T 6170—2015 M12

螺纹规格为 M16×1.5,性能等级为 8 级,表面不经处理,产品等级为 A 级的Ⅰ型六角螺母（细牙）标记为:螺母 GB/T 6171—2016 M16×1.5

螺纹规格为 M12,性能等级为 5 级,表面不经处理,产品等级为 C 级的Ⅰ型六角螺母标记为:螺母 GB/T 41—2016 M12

Ⅰ型六角螺母——A级和B级优选的螺纹规格（摘自 GB/T 6170—2015）

单位:mm

螺纹规格 D		M1.6	M2	M2.5	M3	M4	M5	M6	M8	M10	M12	M16	M20	M24	M30	M36	M42	M48	M56	M64
$P^{①}$		0.35	0.4	0.45	0.5	0.7	0.8	1	1.25	1.5	1.75	2	2.5	3	3.5	4	4.5	5	5.5	6
c	max	0.20	0.20	0.30	0.40	0.40	0.50	0.50	0.60	0.60	0.60	0.8	0.8	0.8	0.8	0.8	1.00	1.00	1.00	1.00
	min	0.10	0.10	0.10	0.15	0.15	0.15	0.15	0.15	0.15	0.15	0.2	0.2	0.2	0.2	0.2	0.3	0.3	0.3	0.3
d_a	max	1.84	2.30	2.90	3.45	4.60	5.75	6.75	8.75	10.80	13.00	17.30	21.60	25.90	32.40	38.90	45.40	51.80	60.50	69.10
	min	1.60	2.00	2.50	3.00	4.00	5.00	6.00	8.00	10.00	12.00	16.00	20.00	24.00	30.00	36.00	42.00	48.00	56.00	64.00
d_w	min	2.40	3.10	4.10	4.60	5.90	6.90	8.90	11.60	14.60	16.60	22.50	27.70	33.30	42.80	51.10	60.00	69.50	78.70	88.20
e	min	3.41	4.32	5.45	6.01	7.66	8.79	11.05	14.38	17.77	20.03	26.75	32.95	39.55	50.85	60.79	71.30	82.60	93.56	104.86
m	max	1.30	1.60	2.00	2.40	3.20	4.70	5.20	6.80	8.40	10.80	14.80	18.00	21.50	25.60	31.00	34.00	38.00	45.00	51.00
	min	1.05	1.35	1.75	2.15	2.90	4.40	4.90	6.44	8.04	10.37	14.10	16.90	20.20	24.30	29.40	32.40	36.40	43.40	49.10
m_w	min	0.80	1.10	1.40	1.70	2.30	3.50	3.90	5.20	6.40	8.30	11.30	13.50	16.20	19.40	23.50	25.90	29.10	34.70	39.30
s	公称 max	3.20	4.00	5.00	5.50	7.00	8.00	10.0	13.00	16.00	18.00	24.00	30.00	36.00	46.00	55.00	65.00	75.00	85.00	95.00
	min	3.02	3.82	4.82	5.32	6.78	7.78	9.78	12.73	15.73	17.73	23.67	29.16	35.00	45.00	53.80	63.10	73.10	82.80	92.80

续表

单位：mm

I 型六角螺母（细牙）——A级和B级优选的螺纹规格（摘自 GB/T 6171—2016）

螺纹规格 (D×P)		M8×1	M10×1	M12×1.5	M16×1.5	M2×1.5	M24×2	M30×2	M36×3	M42×3	M48×3	M56×4	M64×4
c	max	0.6	0.6	0.6	0.8	0.8	0.8	0.8	0.8	1.00	1.00	1.00	1.00
	min	0.15	0.15	0.15	0.20	0.20	0.20	0.20	0.20	0.30	0.30	0.30	0.30
d_a	max	8.75	10.08	13.00	17.30	21.60	25.90	32.40	38.90	45.40	51.80	60.50	69.10
	min	8.00	10.00	12.00	16.00	20.00	24.00	30.00	36.00	42.00	48.00	56.00	64.00
d_w	min	11.63	14.63	16.63	22.49	27.70	33.25	42.75	51.11	59.95	69.45	78.66	88.16
e	min	14.38	17.77	20.03	26.75	32.95	39.55	50.85	60.79	71.30	82.60	93.56	104.86
m	max	6.80	8.40	10.80	14.80	18.00	21.50	25.60	31.00	34.00	38.00	45.00	51.00
	min	6.44	8.04	10.37	14.10	16.90	20.20	24.30	29.40	32.40	36.40	43.40	49.10
m_w	min	5.15	6.43	8.30	11.28	13.52	16.16	19.44	23.52	25.92	29.12	34.72	39.28
s	公称 max	13.00	16.00	18.00	24.00	30.00	36.00	46.00	55.00	65.00	75.00	85.00	95.00
	min	12.73	15.73	17.73	23.67	29.16	35.00	45.00	53.80	63.10	73.10	82.80	92.80

单位：mm

I 型六角螺母——C级优选的螺纹规格（摘自 GB/T 41—2016）

螺纹规格 D		M5	M6	M8	M10	M12	M16	M20	M24	M30	M36	M42	M48	M56	M64
P[①]		0.8	1	1.25	1.5	1.75	2	2.5	3	3.5	4	4.5	5	5.5	6
d_w	min	6.70	8.70	11.50	14.50	16.50	22.00	27.70	33.30	42.80	51.10	60.00	69.50	78.70	88.20
e	min	8.63	10.89	14.20	17.59	19.85	26.17	32.95	39.55	50.85	60.79	71.30	82.60	93.56	104.86
m	max	5.60	6.40	7.90	9.50	12.20	15.90	19.00	22.30	26.40	31.90	34.90	38.90	45.90	52.40
	min	4.40	4.90	6.40	8.00	10.40	14.10	16.90	20.20	24.30	29.40	32.40	36.40	43.40	49.40
m_w	min	3.50	3.70	5.10	6.40	8.30	11.30	13.50	16.20	19.40	23.20	25.90	29.10	34.70	39.50
s	公称 max	8.00	10.00	13.00	16.00	18.00	24.00	30.00	36.00	46.00	55.00	65.00	75.00	85.00	95.00
	min	7.64	9.64	12.57	15.57	17.57	23.16	29.16	35.00	45.00	53.80	63.10	73.10	82.80	92.80

① P 为螺距。

表 B-4 双头螺柱

$b_m = 1d$(摘自 GB 897—1988)、$b_m = 1.25d$(摘自 GB 898—1988)

$b_m = 1.5d$(摘自 GB 899—1988)、$b_m = 2d$(摘自 GB 900—1988)

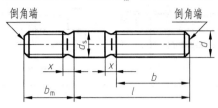

标记示例：

两端均为粗牙普通螺纹、$d = 10$mm、$l = 50$mm、性能等级为 4.8 级、不经表面处理、B 型、$b_m = 2d$ 的双头螺柱标记为：

螺柱 GB 900—1988 M10×50

旋入机体一端为粗牙普通螺纹、旋螺母端为螺距 $P = 1$mm 的细牙普通螺纹、$d = 10$mm、$l = 50$mm、性能等级为 4.8 级、不经表面处理、A 型、$b_m = 2d$ 的双头螺柱标记为：螺柱 GB 900—1988 AM10-M10×1×50

双头螺柱参数(摘自 GB 897—1988、GB 898—1988、GB 899—1988、GB 900—1988)　　　单位：mm

螺纹规格 d	旋入机体端长度 b_m				l/b(螺柱长度/旋螺母端长度)
	GB 897—1988	GB 898—1988	GB 899—1988	GB 900—1988	
M4	—	—	6	8	(16~22)/8；(25~40)/14
M5	5	6	8	10	(16~22)/10；(25~50)/16
M6	6	8	10	12	(20~22)/10；(25~30)/14；(32~75)/18
M8	8	10	12	16	(20~22)/12；(25~30)/16；(32~90)/22
M10	10	12	15	20	(25~28)/14；(30~38)/16；(40~120)/26；130/32
M12	12	15	18	24	(25~30)/14；(32~40)/16；(45~120)/26；(130~180)/32
M16	16	20	24	32	(30~38)/16；(40~55)/20；(60~120)/30；(130~200)/36
M20	20	25	30	40	(35~40)/20；(45~65)/36；(70~120)/38；(130~200)/44
(M24)	24	30	36	48	(45~50)/25；(55~75)/35；(80~120)/46；(130~200)/52
(M30)	30	38	45	60	(60~65)/40；(70~90)/50；(95~120)/66；(130~200)/72；(210~250)/85
M36	36	45	54	72	(65~75)/45；(80~110)/60；120/78；(130~200)/84；(210~250)/85
M42	42	52	63	84	(70~80)/50；(85~110)/70；120/90；(130~200)/96；(210~300)/109
M48	48	60	72	96	(80~90)/60；(95~110)/80；120/102；(130~200)/108；(210~300)/121
l 系列	12、(14)、16、(18)、20、(22)、25、(28)、30、(32)、35、(38)、40、45、50、55、60、(65)、70、75、80、(85)、90、(95)、100~260(10 进位)、280、300				

注：1. 尽可能不采用括号内的规格，末端按 GB/T 2—2016 规定。

2. $b_m = 1d$ 一般用于钢对钢；$b_m = (1.25~1.5)d$ 一般用于钢对铸铁；$b_m = 2d$ 一般用钢对铝合金。

表 B-5　螺钉

开槽盘头螺钉(摘自 GB/T 67—2016)

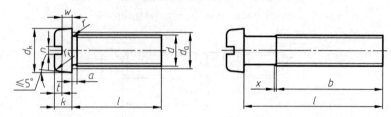

标记示例:

螺纹规格为 M5、公称长度 l＝20mm、性能等级为 4.8 级、表面不经处理的 A 级开槽盘头螺钉标记为:螺钉 GB/T 67—2016 M5×20

开槽沉头螺钉(摘自 GB/T 68—2016)

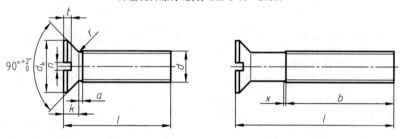

标记示例:

螺纹规格为 M5、公称长度 l＝20mm、性能等级为 4.8 级、表面不经处理的 A 级开槽沉头螺钉标记为:螺钉 GB/T 68—2016 M5×20

开槽盘头螺钉尺寸(摘自 GB/T 67—2016)									单位:mm	
螺纹规格 d		M1.6	M2	M2.5	M3	(M3.5)[①]	M4	M5	M6	M8	M10
P[②]		0.35	0.4	0.45	0.5	0.6	0.7	0.8	1	1.25	1.5
a	max	0.7	0.8	0.9	1	1.2	1.4	1.6	2	2.5	3
b	min	25	25	25	25	38	38	38	38	38	38
d_k	公称 max	3.2	4.0	5.0	5.6	7.00	8.00	9.50	12.00	16.00	20.00
	min	2.9	3.7	4.7	5.3	6.64	7.64	9.14	11.57	15.57	19.48
d_a	max	2	2.6	3.1	3.6	4.1	4.7	5.7	6.8	9.2	11.2
k	公称 max	1.00	1.30	1.50	1.80	2.10	2.40	3.00	3.6	4.8	6.0
	min	0.86	1.16	1.36	1.66	1.96	2.26	2.88	3.3	4.5	5.7
n	公称	0.4	0.5	0.6	0.8	1	1.2	1.2	1.6	2	2.5
	max	0.60	0.70	0.80	1.00	1.20	1.51	1.51	1.91	2.31	2.81
	min	0.46	0.56	0.66	0.86	1.06	1.26	1.26	1.66	2.06	2.56
r	min	0.1	0.1	0.1	0.1	0.1	0.2	0.2	0.25	0.4	0.4
r_f	参考	0.5	0.6	0.8	0.9	1	1.2	1.5	1.8	2.4	3
t	min	0.35	0.5	0.6	0.7	0.8	1	1.2	1.4	1.9	2.4
w	min	0.3	0.4	0.5	0.7	0.8	1	1.2	1.4	1.9	2.4
x	max	0.9	1	1.1	1.25	1.5	1.75	2	2.5	3.2	3.8

续表

螺纹规格 d			M1.6	M2	M2.5	M3	(M3.5)[①]	M4	M5	M6	M8	M10
l[①]			每1000件钢螺钉的质量($\rho=7.85kg/dm^3$)≈ /kg									
公称[①]	min	max										
2	1.8	2.2	0.075									
2.5	2.3	2.7	0.081	0.152								
3	2.8	3.2	0.087	0.161	0.281							
4	3.76	4.24	0.099	0.18	0.311	0.463						
5	4.76	5.24	0.11	0.198	0.341	0.507	0.825	1.16				
6	5.76	6.24	0.122	0.217	0.371	0.551	0.885	1.24	2.12			
8	7.71	8.29	0.145	0.254	0.431	0.639	1	1.39	2.37	4.02		
10	9.71	10.29	0.168	0.292	0.491	0.727	1.12	1.55	2.61	4.37	9.38	
12	11.65	12.35	0.192	0.329	0.551	0.816	1.24	1.7	2.86	4.72	10	18.2
(14)	13.65	14.35	0.215	0.366	0.611	0.904	1.36	1.86	3.11	5.1	10.6	19.2
16	15.65	16.35	0.238	0.404	0.671	0.992	1.48	2.01	3.36	5.45	11.2	20.2
20	19.58	20.42		0.478	0.792	1.17	1.72	2.32	3.85	6.14	12.6	22.2
25	24.58	25.42			0.942	1.39	2.02	2.71	4.47	7.01	14.1	24.7
30	29.58	30.42				1.61	2.32	3.1	5.09	7.9	15.7	27.2
35	34.5	35.5					2.62	3.48	5.71	8.78	17.3	29.7
40	39.5	40.5						3.87	6.32	9.66	18.9	32.2
45	44.5	45.5							6.94	10.5	20.5	34.7
50	49.5	50.5							7.56	11.4	22.1	37.2
(55)	54.05	55.95								12.3	23.7	39.7
60	59.05	60.95								13.2	25.3	42.2
(65)	64.05	65.95									26.9	44.7
70	69.05	70.95									28.5	47.2
(75)	74.05	75.95									30.1	49.7
80	79.05	80.95									31.7	52.2

开槽沉头螺钉尺寸(摘自 GB/T 68—2016)　　　　单位:mm

螺纹规格 d			M1.6	M2	M2.5	M3	(M3.5)[①]	M4	M5	M6	M8	M10
P[②]			0.35	0.4	0.45	0.5	0.6	0.7	0.8	1	1.25	1.5
a	max		0.7	0.8	0.9	1	1.2	1.4	1.6	2	2.5	3
b	min		25	25	25	25	38	38	38	38	38	38
d_k[④]	理论值 max		3.6	4.4	5.5	6.3	8.2	9.4	10.4	12.6	17.3	20
	实际值	公称 max	3.0	3.8	4.7	5.5	7.30	8.40	9.30	11.30	15.80	18.30
		min	2.7	3.5	4.4	5.2	6.94	8.04	8.94	10.87	15.37	17.78
k[④]	公称 max		1	1.2	1.5	1.65	2.35	2.7	2.7	3.3	4.65	5
n	nom		0.4	0.5	0.6	0.8	1	1.2	1.2	1.6	2	2.5
	max		0.60	0.70	0.80	1.00	1.20	1.51	1.51	1.91	2.31	2.81
	min		0.46	0.56	0.66	0.86	1.06	1.26	1.26	1.66	2.06	2.56
r	max		0.4	0.5	0.6	0.8	0.9	1	1.3	1.5	2	2.5
t	max		0.50	0.6	0.75	0.85	1.2	1.3	1.4	1.6	2.3	2.6
	min		0.32	0.4	0.50	0.60	0.9	1.0	1.1	1.2	1.8	2.0
x	max		0.9	1	1.1	1.25	1.5	1.75	2	2.5	3.2	3.8

螺纹规格 d			M1.6	M2	M2.5	M3	(M3.5)①	M4	M5	M6	M8	M10
l⑤			每 1000 件钢螺钉的质量（$\rho = 7.85\,\mathrm{kg/dm^3}$）≈ /kg									
公称①	min	max										
2.5	2.3	2.7	0.053									
3	2.8	3.2	0.058	0.101								
4	3.76	4.24	0.069	0.119	0.206							
5	4.76	5.24	0.081	0.137	0.236	0.335						
6	5.76	6.24	0.093	0.152	0.266	0.379	0.633	0.903				
8	7.71	8.29	0.116	0.193	0.326	0.467	0.753	1.06	1.48	2.38		
10	9.71	10.29	0.139	0.231	0.386	0.555	0.873	1.22	1.72	2.73	5.68	
12	11.65	12.35	0.162	0.268	0.446	0.643	0.933	1.37	1.96	3.08	6.32	9.54
(14)	13.65	14.35	0.185	0.306	0.507	0.731	1.11	1.53	2.2	3.43	6.96	10.6
16	15.65	16.35	0.208	0.343	0.567	0.82	1.23	1.68	2.44	3.78	7.6	11.6
20	19.58	20.42		0.417	0.687	0.996	1.47	2	2.92	4.48	8.88	13.6
25	24.58	25.42			0.838	1.22	1.77	2.39	3.52	5.36	10.5	16.1
30	29.58	30.42				1.44	2.07	2.78	4.12	6.23	12.1	18.7
35	34.5	35.5					2.37	3.17	4.72	7.11	13.7	21.2
40	39.5	40.5						3.56	5.32	7.98	15.3	23.7
45	44.5	45.5							5.92	8.86	16.9	26.2
50	49.5	50.5							6.52	9.73	18.5	28.8
(55)	54.05	55.95								10.6	20.1	31.3
60	59.05	60.95								11.5	21.7	33.8
(65)	64.05	65.95									23.3	36.3
70	69.05	70.95									24.9	38.9
(75)	74.05	75.95									26.5	41.4
80	79.05	80.95									28.1	43.9

注：在阶梯实线间为优选长度。
① 尽可能不采用括号内的规格。
② P 为螺距。
③ 公称长度在阶梯虚线以上的螺钉，制出全螺纹（$b = l - a$）。
④ 见 GB 5279—1985。
⑤ 公称长度在阶梯虚线以上的螺钉，制出全螺纹 $[b = l - (k + a)]$。

表 B-6　垫圈

平垫圈　A 级（摘自 GB/T 97.1—2002）

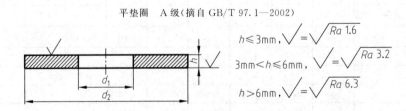

标记示例：

　　标准系列、公称规格 8mm、由钢制造的硬度等级为 200HV 级、不经表面处理、产品等级为 A 级的平垫圈标记为：垫圈 GB/T 97.1—2002 8

　　标准系列、公称规格 8mm、由 A2 组不锈钢制造的硬度等级为 200HV 级、不经表面处理、产品等级为 A 级的平垫圈标记为：垫圈 GB/T 97.1—2002 8 A2

公称规格	内径 d_1		外径 d_2		厚度 h		
（螺纹大径 d）	公称（min）	max	公称（max）	min	公称	max	min
1.6	1.7	1.84	4	3.7	0.3	0.35	0.25
2	2.2	2.34	5	4.7	0.3	0.35	0.25
2.5	2.7	2.84	6	5.7	0.5	0.55	0.45
3	3.2	3.38	7	6.64	0.5	0.55	0.45
4	4.3	4.48	9	8.64	0.8	0.9	0.7
5	5.3	5.48	10	9.64	1	1.1	0.9
6	6.4	6.62	12	11.57	1.6	1.8	1.4
8	8.4	8.62	16	15.57	1.6	1.8	1.4
10	10.5	10.77	20	19.48	2	2.2	1.8
12	13	13.27	24	23.48	2.5	2.7	2.3
16	17	17.27	30	29.48	3	3.3	2.7
20	21	21.33	37	36.38	3	3.3	2.7
24	25	25.33	44	43.38	4	4.3	3.7
30	31	31.39	56	55.26	4	4.3	3.7
36	37	37.62	66	64.8	5	5.6	4.4
42	45	45.62	78	76.8	8	9	7
48	52	52.74	92	90.6	8	9	7
56	62	62.74	105	103.6	10	11	9
64	70	70.74	115	113.6	10	11	9

垫圈 A 级优选尺寸（摘自 GB/T 97.1—2002）　　　　　　单位：mm

表 B-7　弹簧垫圈

标准型弹簧垫圈（摘自 GB 93—1987）　　　轻型弹簧垫圈（摘自 GB 859—1987）

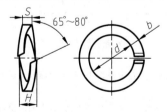 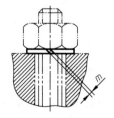

标记示例：
　　规格为 10mm、材料为 65Mn、表面氧化的标准型弹簧垫圈标记为：垫圈 GB 93—1987 10
　　规格为 16mm 的轻型弹簧垫圈标记为：垫圈 GB 859—1987 16

规格（螺纹大径）	d		$S(b)$			H		m
	min	max	公称	min	max	min	max	≤
2	2.1	2.35	0.5	0.42	0.58	1	1.25	0.25
2.5	2.6	2.85	0.65	0.57	0.73	1.3	1.63	0.33
3	3.1	3.4	0.8	0.7	0.9	1.6	2	0.4
4	4.1	4.4	1.1	1	1.2	2.2	2.75	0.55
5	5.1	5.4	1.3	1.2	1.4	2.6	3.25	0.65
6	6.1	6.68	1.6	1.5	1.7	3.2	4	0.8
8	8.1	8.68	2.1	2	2.2	4.2	5.25	1.05
10	10.2	10.9	2.6	2.45	2.75	5.2	6.5	1.3
12	12.2	12.9	3.1	2.95	3.25	6.2	7.75	1.55
(14)	14.2	14.9	3.6	3.4	3.8	7.2	9	1.8
16	16.2	16.9	4.1	3.9	4.3	8.2	10.25	2.05
(18)	18.2	19.04	4.5	4.3	4.7	9	11.25	2.25
20	20.2	21.04	5	4.8	5.2	10	12.5	2.5
(22)	22.5	23.34	5.5	5.3	5.7	11	13.75	2.75
24	24.5	25.5	6	5.8	6.2	12	15	3
(27)	27.5	28.5	6.8	6.5	7.1	13.6	17	3.4
30	30.5	31.5	7.5	7.2	7.8	15	18.75	3.75
(33)	33.5	34.7	8.5	8.2	8.8	17	21.25	4.25
36	36.5	37.7	9	8.7	9.3	18	22.5	4.5
(39)	39.5	40.7	10	9.7	10.3	20	25	5
42	42.5	43.7	10.5	10.2	10.8	21	26.25	5.25
(45)	45.5	46.7	11	10.7	11.3	22	27.5	5.5
48	48.5	49.7	12	11.7	12.3	24	30	6

标准型弹簧垫圈尺寸参数（摘自 GB 93—1987）　　　单位：mm

注：括号内规格尽可能不采用。

表 B-8　圆柱销

圆柱销（不淬硬钢和奥氏体不锈钢）（摘自 GB/T 119.1—2000）

圆柱销（淬硬钢和马氏体不锈钢）（摘自 GB/T 119.2—2000）

末端形状，由制造者确定

标记示例：

公称直径 d＝6mm、公差为 m6、公称长度 l＝30mm、材料为钢、不经淬火、不经表面处理的圆柱销标记为：销 GB/T 119.1—2000 6 m6×30

公称直径 d＝6mm、公差为 m6、公称长度 l＝30mm、材料为 A1 组奥氏体不锈钢、表面简单处理的圆柱销标记为：销 GB/T 119.1—2000 6 m6×30-A1

公称直径 d＝6mm、公差为 m6、公称长度 l＝30mm、材料为钢、普通淬火（A 型）、表面氧化处理的圆柱销标记为：销 GB/T 119.2—2000 6×30

公称直径 d＝6mm、公差为 m6、公称长度 l＝30mm、材料为 C1 组马氏体不锈钢、表面简单处理的圆柱销标记为：销 GB/T 119.2—2000 6×30-C1

圆柱销(不淬硬钢和奥氏体不锈钢)(摘自 GB/T 119.1—2000)　　单位:mm

d	m6/h8①	0.6	0.8	1	1.2	1.5	2	2.5	3	4	5	6	8	10	12	16	20	25	30	40	50
c	≈	0.12	0.16	0.2	0.25	0.3	0.35	0.4	0.5	0.63	0.8	1.2	1.6	2	2.5	3	3.5	4	5	6.3	8

l② 公称	min	max																				
2	1.75	2.25																				
3	2.75	3.25																				
4	3.75	4.25																				
5	4.75	5.25																				
6	5.75	6.25																				
8	7.75	8.25																				
10	9.75	10.25																				
12	11.5	12.5																				
14	13.5	14.5																				
16	15.5	16.5																				
18	17.5	18.5																				
20	19.5	20.5																				
22	21.5	22.5																				
24	23.5	24.5						商品														
26	25.5	26.5																				
28	27.5	28.5																				
30	29.5	30.5																				
32	31.5	32.5																				
35	34.5	35.5																				
40	39.5	40.5						长度														
45	44.5	45.5																				
50	49.5	50.5																				
55	54.25	55.75																				
60	59.25	60.75																				
65	64.25	65.75																				
70	69.25	70.75														范围						
75	74.25	75.75																				
80	79.25	80.75																				
85	84.25	85.75																				
90	89.25	90.75																				
95	94.25	95.75																				
100	99.25	100.75																				
120	119.25	120.75																				
140	139.25	140.75																				
160	159.25	160.75																				
180	179.25	180.75																				
200	199.25	200.75																				

续表

圆柱销(淬硬钢和马氏体不锈钢)(摘自 GB/T 119.2—2000)															单位:mm
d m6[1]			1	1.5	2	2.5	3	4	5	6	8	10	12	16	20
c ≈			0.2	0.3	0.35	0.4	0.5	0.63	0.8	1.2	1.6	2	2.5	3	3.5
l[3]															
公称	min	max													
3	2.75	3.25													
4	3.75	4.25													
5	4.75	5.25													
6	5.75	6.25													
8	7.75	8.25													
10	9.75	10.25													
12	11.5	12.5													
14	13.5	14.5													
16	15.5	16.5													
18	17.5	18.5													
20	19.5	20.5						商品							
22	21.5	22.5													
24	23.5	24.5													
26	25.5	26.5						长度							
28	27.5	28.5													
30	29.5	30.5													
32	31.5	32.5						范围							
35	34.5	35.5													
40	39.5	40.5													
45	44.5	45.5													
50	49.5	50.5													
55	54.25	55.75													
60	59.25	60.75													
65	64.25	65.75													
70	69.25	70.75													
75	74.25	75.75													
80	79.25	80.75													
85	84.25	85.75													
90	89.25	90.75													
95	94.25	95.75													
100	99.25	100.75													

① 其他公差由供需双方协议。

② 公称长度大于 200mm，按 20mm 递增。

③ 公称长度大于 100mm，按 20mm 递增。

表 B-9 平键 键槽

平键 键槽(摘自 GB/T 1095—2003)

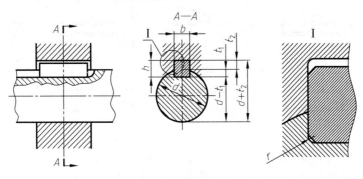

普通平键键槽的尺寸与公差(摘自 GB/T 1095—2003)												单位:mm

键尺寸 $b \times h$	键槽											
	宽度 b						深度				半径 r	
	基本尺寸	极限偏差					轴 t_1		毂 t_2			
		正常连接		紧密连接	松连接		基本尺寸	极限偏差	基本尺寸	极限偏差		
		轴 N9	毂 JS9	轴和毂 P9	轴 H9	毂 D10					min	max
2×2	2	−0.004 −0.029	±0.0125	−0.006 −0.031	+0.025 0	+0.060 +0.020	1.2	+0.1 0	1.0	+0.1 0	0.08	0.16
3×3	3						1.8		1.4			
4×4	4	0 −0.030	±0.015	−0.012 −0.042	+0.030 0	+0.078 +0.030	2.5		1.8			
5×5	5						3.0		2.3		0.16	0.25
6×6	6						3.5		2.8			
8×7	8	0 −0.036	±0.018	−0.015 −0.051	+0.036 0	+0.098 +0.040	4.0	+0.2 0	3.3	+0.2 0		
10×8	10						5.0		3.3			
12×8	12	0 −0.043	±0.0215	−0.018 −0.061	+0.043 0	+0.120 +0.050	5.0		3.3		0.25	0.40
14×9	14						5.5		3.8			
16×10	16						6.0		4.3			
18×11	18						7.0		4.4			
20×12	20	0 −0.052	±0.026	−0.022 −0.074	+0.052 0	+0.149 +0.065	7.5		4.9		0.40	0.60
22×14	22						9.0		5.4			
25×14	25						9.0		5.4			
28×16	28						10.0		6.4			
32×18	32	0 −0.062	±0.031	−0.026 −0.088	+0.062 0	+0.180 +0.080	11.0		7.4		0.70	1.00
36×20	36						12.0		8.4			
40×22	40						13.0		9.4			
45×25	45						15.0		10.4			
50×28	50						17.0		11.4			
56×32	56	0 −0.074	±0.037	−0.032 −0.106	+0.074 0	+0.220 +0.100	20.0	+0.3 0	12.4	+0.3 0	1.20	1.60
63×32	63						20.0		12.4			
70×36	70						22.0		14.4			
80×40	80						25.0		15.4			
90×45	90	0 −0.087	±0.0435	−0.037 −0.124	+0.087 0	+0.260 +0.120	28.0		17.4		2.00	2.50
100×50	100						31.0		19.5			

表 B-10　普通型 平键

普通型平键的尺寸(摘自 GB/T 1096—2003)

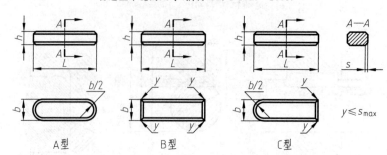

A型　　　　　　B型　　　　　　C型

标注示例：

宽度 b＝16mm、高度 h＝10mm、长度 L＝100mm 普通 A 型平键标记为：GB/T 1096—2003　键 16×10×100

宽度 b＝16mm、高度 h＝10mm、长度 L＝100mm 普通 B 型平键标记为：GB/T 1096—2003　键 B16×10×100

宽度 b＝16mm、高度 h＝10mm、长度 L＝100mm 普通 C 型平键标记为：GB/T 1096—2003　键 C16×10×100

普通型平键的尺寸与公差(摘自 GB/T 1096—2003)　　　　单位：mm

宽度 b	基本尺寸		2	3	4	5	6	8	10	12	14	16	18	20	22
	极限偏差 (h8)		0 −0.014			0 −0.018		0 −0.022		0 −0.027			0 −0.033		
高度 h	基本尺寸		2	3	4	5	6	7	8	8	9	10	11	12	14
	极限 偏差	矩形 (h11)	—							0 −0.090				0 −0.110	
		方形 (h8)	0 −0.014			0 −0.018									
倒角或圆角 s			0.16~0.25			0.25~0.40			0.40~0.60				0.60~0.80		

长度 L														
基本 尺寸	极限偏差 (h14)													
6	0 −0.36		—					—	—	—	—	—	—	—
8								—	—	—	—	—	—	—
10								—	—	—	—	—	—	—
12	0 −0.43								—	—	—	—	—	—
14									—	—	—	—	—	—
16									—	—	—	—	—	—
18										—	—	—	—	—
20	0 −0.52										—	—	—	—
22			—	标准								—	—	—
25												—	—	—
28												—	—	—
32													—	—
36			—											—
40	0 −0.62													
45			—			长度							—	—
50			—											—

续表

长度 L													
基本尺寸	极限偏差（h14）												
56	0 −0.74	—	—	—									—
63		—	—	—	—								
70		—	—	—									
80		—	—	—	—								
90	0 −0.87	—	—	—	—					范围			
100		—	—	—	—	—							
110		—	—	—	—								
125		—	—	—	—	—							
140	0 −1.00	—	—	—	—								
160		—	—	—	—	—	—						
180		—	—	—	—	—							
200		—	—	—	—	—	—						
220	0 −1.15	—	—	—	—	—				—			
250		—	—	—	—	—	—	—	—	—	—		

宽度 b	基本尺寸	25	28	32	36	40	45	50	56	63	70	80	90	100
	极限偏差（h8）	0 −0.033			0 −0.039				0 −0.046				0 −0.054	

高度 h	基本尺寸		14	16	18	20	22	25	28	32	32	36	40	45	50
	极限偏差	矩形（h11）	0 −0.110			0 −0.130				0 −0.160					
		方形（h8）	—			—				—					

倒角或圆角 s	0.60～0.80	1.00～1.20	1.60～2.00	2.50～3.00

长度 L													
基本尺寸	极限偏差（h14）												
70	0 −0.74		—	—	—	—	—	—	—	—	—	—	—
80		—	—	—	—	—	—	—	—	—	—	—	—
90	0 −0.87			—	—	—	—	—	—	—	—	—	—
100				—	—	—	—	—	—	—	—	—	—
110					—	—	—	—	—	—	—	—	—
125						—	—	—	—	—	—	—	—
140	0 −1.00			标准			—	—	—	—	—	—	—
160								—	—	—	—	—	—
180									—	—	—	—	—
200										—	—	—	—
220	0 −1.15										—	—	—
250					长度								—

长度 L												
基本尺寸	极限偏差（h14）											
280	0 −1.30											
320		—										
360	0 −1.40		—					范围				
400				—								
450	0 −1.55				—							
500						—						

表 B-11　滚动轴承

深沟球轴承 60000 型（摘自 GB/T 276—2013）

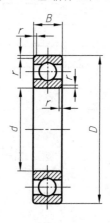

标记示例：滚动轴承　6012 GB/T 276—2013

深沟球轴承 17 系列、37 系列尺寸参数（摘自 GB/T 276—2013）　　　　单位：mm

轴承系列	轴承型号			外形尺寸			
	60000 型	60000-Z 型	60000-2Z 型	d	D	B	r_{smin}[①]
17 系列	617/0.6	—	—	0.6	2	0.8	0.05
	617/1	—	—	1	2.5	1	0.05
	617/1.5	—	—	1.5	3	1	0.05
	617/2	—	—	2	4	1.2	0.05
	617/2.5	—	—	2.5	5	1.5	0.08
	617/3	617/3-Z	617/3-2Z	3	6	2	0.08
	617/4	617/4-Z	617/4-2Z	4	7	2	0.08
	617/5	617/5-Z	617/5-2Z	5	8	2	0.08
	617/6	617/6-Z	617/6-2Z	6	10	2.5	0.1
	617/7	617/7-Z	617/7-2Z	7	11	2.5	0.1
	617/8	617/8-Z	617/8-2Z	8	12	2.5	0.1
	617/9	617/9-Z	617/9-2Z	9	14	3	0.1
	61700	61700-Z	61700-2Z	10	15	3	0.1

轴承系列	轴承型号			外形尺寸			
	60000 型	60000-Z 型	60000-2Z 型	d	D	B	r_{smin}①
37 系列	637/1.5	—	—	1.5	3	1.8	0.05
	637/2	—	—	2	4	2	0.05
	637/2.5	—	—	2.5	5	2.3	0.08
	637/3	637/3-Z	637/3-2Z	3	6	3	0.08
	637/4	637/4-Z	637/4-2Z	4	7	3	0.08
	637/5	637/5-Z	637/5-2Z	5	8	3	0.08
	637/6	637/6-Z	637/6-2Z	6	10	3.5	0.1
	637/7	637/7-Z	637/7-2Z	7	11	3.5	0.1
	637/8	637/8-Z	637/8-2Z	8	12	3.5	0.1
	637/9	637/9-Z	637/9-2Z	9	14	4.5	0.1
	63700	63700-Z	63700-2Z	10	15	4.5	0.1

注：18 系列、19 系列、00 系列、10 系列、02 系列、03 系列、04 系列未列出，具体尺寸参数见 GB/T 276—2013。
① 最大倒角尺寸规定在 GB/T 274—2023 中。

附录 C　极限与配合

表 C-1　公称尺寸至 3150mm 的标准公差数值（GB/T 1800.1—2020、GB/T 1800.2—2020）

公称尺寸 /mm		标准公差等级																			
		IT01	IT0	IT1	IT2	IT3	IT4	IT5	IT6	IT7	IT8	IT9	IT10	IT11	IT12	IT13	IT14	IT15	IT16	IT17	IT18
大于	至	标准公差数值																			
		μm												mm							
—	3	0.3	0.5	0.8	1.2	2	3	4	6	10	14	25	40	60	0.1	0.14	0.25	0.4	0.6	1	1.4
3	6	0.4	0.6	1	1.5	2.5	4	5	8	12	18	30	48	75	0.12	0.18	0.3	0.48	0.75	1.2	1.8
6	10	0.4	0.6	1	1.5	2.5	4	6	9	15	22	36	58	90	0.15	0.22	0.36	0.58	0.9	1.5	2.2
10	18	0.5	0.8	1.2	2	3	5	8	11	18	27	43	70	110	0.18	0.27	0.43	0.7	1.1	1.8	2.7
18	30	0.6	1	1.5	2.5	4	6	9	13	21	33	52	84	130	0.21	0.33	0.52	0.84	1.3	2.1	3.3
30	50	0.6	1	1.5	2.5	4	7	11	16	25	39	62	100	160	0.25	0.39	0.62	1	1.6	2.5	3.9
50	80	0.8	1.2	2	3	5	8	13	19	30	46	74	120	190	0.3	0.46	0.74	1.2	1.9	3	4.6
80	120	1	1.5	2.5	4	6	10	15	22	35	54	87	140	220	0.35	0.54	0.87	1.4	2.2	3.5	5.4
120	180	1.2	2	3.5	5	8	12	18	25	40	63	100	160	250	0.4	0.63	1	1.6	2.5	4	6.3
180	250	2	3	4.5	7	10	14	20	29	46	72	115	185	290	0.46	0.72	1.15	1.85	2.9	4.6	7.2
250	315	2.5	4	6	8	12	16	23	32	52	81	130	210	320	0.52	0.81	1.3	2.1	3.2	5.2	8.1
315	400	3	5	7	9	13	18	25	36	57	89	140	230	360	0.57	0.89	1.4	2.3	3.6	5.7	8.9
400	500	4	6	8	10	15	20	27	40	63	97	155	250	400	0.63	0.97	1.55	2.5	4	6.3	9.7
500	630			9	11	16	22	32	44	70	110	175	280	440	0.7	1.1	1.75	2.8	4.4	7	11
630	800			10	13	18	25	36	50	80	125	200	320	500	0.8	1.25	2	3.2	5	8	12.5
800	1000			11	15	21	28	40	56	90	140	230	360	560	0.9	1.4	2.3	3.6	5.6	9	14
1000	1250			13	18	24	33	47	66	105	165	260	420	660	1.05	1.65	2.6	4.2	6.6	10.5	16.5
1250	1600			15	21	29	39	55	78	125	195	310	500	78	1.25	1.95	3.1	5	7.8	12.5	19.5
1600	2000			18	25	35	46	65	92	150	230	370	600	920	1.5	2.3	3.7	6	9.2	15	23
2000	2500			22	30	41	55	78	110	175	280	440	700	1100	1.75	2.8	4.4	7	11	17.5	28
2500	3150			26	36	50	68	96	135	210	330	540	860	1350	2.1	3.3	5.4	8.6	13.5	21	33

表 C-2 轴的极限偏差（摘自 GB/T 1800.2—2020） 单位：μm

公称尺寸/mm 大于	至	c IT11	d IT9	f IT7	g IT6	h IT6	h IT7	h IT9	h IT11	k IT6	n IT6	p IT6	s IT6	u IT6
—	3	−60 / −120	−20 / −45	−6 / −16	−2 / −8	0 / −6	0 / −10	0 / −25	0 / −60	+6 / 0	+10 / +4	+12 / +6	+20 / +14	+24 / +18
3	6	−70 / −145	−30 / −60	−10 / −22	−4 / −12	0 / −8	0 / −12	0 / −30	0 / −75	+9 / +1	+16 / +8	+20 / +12	+27 / +19	+31 / +23
6	10	−80 / −170	−40 / −76	−13 / −28	−5 / −14	0 / −9	0 / −15	0 / −36	0 / −90	+10 / +1	+19 / +10	+24 / +15	+32 / +23	+37 / +28
10	18	−95 / −205	−50 / −93	−16 / −34	−6 / −17	0 / −11	0 / −18	0 / −43	0 / −110	+12 / +1	+23 / +12	+29 / +18	+39 / +28	+44 / +33
18	24	−110 / −240	−65 / −117	−20 / −41	−7 / −20	0 / −13	0 / −21	0 / −52	0 / −130	+15 / +2	+28 / +15	+35 / +22	+48 / +35	+54 / +41
24	30	−110 / −240	−65 / −117	−20 / −41	−7 / −20	0 / −13	0 / −21	0 / −52	0 / −130	+15 / +2	+28 / +15	+35 / +22	+48 / +35	+61 / +48
30	40	−120 / −280	−80 / −142	−25 / −50	−9 / −25	0 / −16	0 / −25	0 / −62	0 / −160	+18 / +2	+33 / +17	+42 / +26	+59 / +43	+76 / +60
40	50	−130 / −290	−80 / −142	−25 / −50	−9 / −25	0 / −16	0 / −25	0 / −62	0 / −160	+18 / +2	+33 / +17	+42 / +26	+59 / +43	+86 / +70
50	65	−140 / −330	−100 / −174	−30 / −60	−10 / −29	0 / −19	0 / −30	0 / −74	0 / −190	+21 / +2	+39 / +20	+51 / +32	+72 / +53	+106 / +87
65	80	−150 / −340	−100 / −174	−30 / −60	−10 / −29	0 / −19	0 / −30	0 / −74	0 / −190	+21 / +2	+39 / +20	+51 / +32	+78 / +59	+121 / +102
80	100	−170 / −390	−120 / −207	−36 / −71	−12 / −34	0 / −22	0 / −35	0 / −87	0 / −220	+25 / +3	+45 / +23	+59 / +37	+93 / +71	+146 / +124
100	120	−180 / −400	−120 / −207	−36 / −71	−12 / −34	0 / −22	0 / −35	0 / −87	0 / −220	+25 / +3	+45 / +23	+59 / +37	+101 / +79	+166 / +144
120	140	−200 / −450	−145 / −245	−43 / −83	−14 / −39	0 / −25	0 / −40	0 / −100	0 / −250	+28 / +3	+52 / +27	+68 / +43	+117 / +92	+195 / +170
140	160	−210 / −460	−145 / −245	−43 / −83	−14 / −39	0 / −25	0 / −40	0 / −100	0 / −250	+28 / +3	+52 / +27	+68 / +43	+125 / +100	+215 / +190
160	180	−230 / −480	−145 / −245	−43 / −83	−14 / −39	0 / −25	0 / −40	0 / −100	0 / −250	+28 / +3	+52 / +27	+68 / +43	+133 / +108	+235 / +210
180	200	−240 / −530	−170 / −285	−50 / −96	−15 / −44	0 / −29	0 / −46	0 / −115	0 / −290	+33 / +4	+60 / +31	+79 / +50	+151 / +122	+265 / +236
200	225	−260 / −550	−170 / −285	−50 / −96	−15 / −44	0 / −29	0 / −46	0 / −115	0 / −290	+33 / +4	+60 / +31	+79 / +50	+159 / +130	+287 / +258
225	250	−280 / −570	−170 / −285	−50 / −96	−15 / −44	0 / −29	0 / −46	0 / −115	0 / −290	+33 / +4	+60 / +31	+79 / +50	+169 / +140	+313 / +284
250	280	−300 / −620	−190 / −320	−56 / −108	−17 / −49	0 / −32	0 / −52	0 / −130	0 / −320	+36 / +4	+66 / +34	+88 / +56	+190 / +158	+347 / +315
280	315	−330 / −650	−190 / −320	−56 / −108	−17 / −49	0 / −32	0 / −52	0 / −130	0 / −320	+36 / +4	+66 / +34	+88 / +56	+202 / +170	+382 / +350

公称尺寸/mm		上极限偏差 es,下极限偏差 ei												
		c	d	f	g	h				k	n	p	s	u
大于	至	IT11	IT9	IT7	IT6	IT6	IT7	IT9	IT11	IT6	IT6	IT6	IT6	IT6
315	355	−360 −720	−210 −350	−62 −119	−18 −54	0 −36	0 −57	0 −140	0 −360	+40 +4	+73 +37	+98 +62	+226 +190	+426 +390
355	400	−400 −760											+244 +208	+471 +435
400	450	−440 −840	−230 −385	−68 −131	−20 −60	0 −40	0 −63	0 −155	0 −400	+45 +5	+80 +40	+108 +68	+272 +232	+530 +490
450	500	−480 −880											+292 +252	+580 +540
500	560		−260 −435	−76 −146	−22 −66	0 −44	0 −70	0 −175	0 −440	+44 0	+88 +44	+122 +78	+324 +280	+644 +600
560	630												+354 +310	+704 +660
630	710		−290 −490	−80 −160	−24 −74	0 −50	0 −80	0 −200	0 −500	+50 0	+100 +50	+138 +88	+390 +340	+790 +740
710	800												+430 +380	+890 +840
800	900		−320 −550	−86 −176	−26 −82	0 −56	0 −90	0 −230	0 −560	+56 0	+112 +56	+156 +100	+486 +430	+996 +940
900	1000												+526 +470	+1106 +1050
1000	1120		−350 −610	−98 −203	−28 −94	0 −66	0 −105	0 −260	0 −660	+66 0	+132 +66	+186 +120	+586 +520	+1216 +1150
1120	1250												+646 +580	+1366 +1300
1250	1400		−390 −700	−110 −235	−30 −108	0 −78	0 −125	0 −310	0 −780	+78 0	+156 +78	+218 +140	+718 +640	+1528 +1450
1400	1600												+798 +720	+1678 +1600
1600	1800		−430 −800	−120 −270	−32 −124	0 −92	0 −150	0 −370	0 −920	+92 0	+184 +92	+262 +170	+912 +820	+1942 +1850
1800	2000												+1012 +920	+2092 +2000
2000	2240		−480 −920	−130 −305	−34 −144	0 −110	0 −175	0 −440	0 −1100	+110 0	+220 +110	+305 +195	+1110 +1000	+2410 +2300
2240	2500												+1210 +1100	+2610 +2500
2500	2800		−520 −1060	−145 −355	−38 −173	0 −135	0 −210	0 −540	0 −1350	+135 0	+270 +135	+375 +240	+1385 +1250	+3035 +2900
2800	3150												+1535 +1400	+3335 +3200

注：未列出公差带及等级数值参见 GB/T 1800.1—2020、GB/T 1800.2—2020。

表 C-3 孔的极限偏差（摘自 GB/T 1800.2—2020） 单位：μm

公称尺寸/mm		上极限偏差 ES，下极限偏差 EI												
		C	D	F	G	H				K	N	P	S	U
大于	至	IT11	IT9	IT8	IT7	IT7	IT8	IT9	IT11	IT7	IT7	IT7	IT7	IT7
—	3	+120 / +60	+45 / +20	+20 / +6	+12 / +2	+10 / 0	+14 / 0	+25 / 0	+60 / 0	0 / -10	-4 / -14	-6 / -16	-14 / -24	-18 / -28
3	6	+145 / +70	+60 / +30	+28 / +10	+16 / +4	+12 / 0	+18 / 0	+30 / 0	+75 / 0	+3 / -9	-4 / -16	-8 / -20	-15 / -27	-19 / -31
6	10	+170 / +80	+76 / +40	+35 / +13	+20 / +5	+15 / 0	+22 / 0	+36 / 0	+90 / 0	+5 / -10	-4 / -19	-9 / -24	-17 / -32	-22 / -37
10	18	+205 / +95	+93 / +50	+43 / +16	+24 / +6	+18 / 0	+27 / 0	+43 / 0	+110 / 0	+6 / -12	-5 / -23	-11 / -29	-21 / -39	-26 / -44
18	24	+240 / +110	+117 / +65	+53 / +20	+28 / +7	+21 / 0	+33 / 0	+52 / 0	+130 / 0	+6 / -15	-7 / -28	-14 / -35	-27 / -48	-33 / -54
24	30													-40 / -61
30	40	+280 / +120	+142 / +80	+64 / +25	+34 / +9	+25 / 0	+39 / 0	+62 / 0	+160 / 0	+7 / -18	-8 / -33	-17 / -42	-34 / -59	-51 / -76
40	50	+290 / +130												-61 / -86
50	65	+330 / +140	+174 / +100	+76 / +30	+40 / +10	+30 / 0	+46 / 0	+74 / 0	+190 / 0	+9 / -21	-9 / -39	-21 / -51	-42 / -72	-76 / -106
65	80	+340 / +150											-48 / -78	-91 / -121
80	100	+390 / +170	+207 / +120	+90 / +36	+47 / +12	+35 / 0	+54 / 0	+87 / 0	+220 / 0	+10 / -25	-10 / -45	-24 / -59	-58 / -93	-111 / -146
100	120	+400 / +180											-66 / -101	-131 / -166
120	140	+450 / +200	+245 / +145	+106 / +43	+54 / +14	+40 / 0	+63 / 0	+100 / 0	+250 / 0	+12 / -28	-12 / -52	-28 / -68	-77 / -117	-155 / -195
140	160	+460 / +210											-85 / -125	-175 / -215
160	180	+480 / +230											-93 / -133	-195 / -235
180	200	+530 / +240	+285 / +170	+122 / +50	+61 / +15	+46 / 0	+72 / 0	+115 / 0	+290 / 0	+13 / -33	-14 / -60	-33 / -79	-105 / -151	-219 / -265
200	225	+550 / +260											-113 / -159	-241 / -287
225	250	+570 / +280											-123 / -169	-267 / -313
250	280	+620 / +300	+320 / +190	+137 / +56	+69 / +17	+52 / 0	+81 / 0	+130 / 0	+320 / 0	+16 / -36	-14 / -66	-36 / -88	-138 / -190	-295 / -347
280	315	+650 / +330											-150 / -202	-330 / -382

公称尺寸/mm		上极限偏差 ES,下极限偏差 EI											
		C	D	F	G	H				K	N	P	S	U
大于	至	IT11	IT9	IT8	IT7	IT7	IT8	IT9	IT11	IT7	IT7	IT7	IT7	IT7
315	355	+720 +360	+350 +210	+151 +62	+75 +18	+57 0	+89 0	+140 0	+360 0	+17 −40	−16 −73	−41 −98	−169 −226	−369 −426
355	400	+760 +400											−187 −244	−414 −471
400	450	+840 +440	+385 +230	+165 +68	+83 +20	+63 0	+97 0	+155 0	+400 0	+18 −45	−17 −80	−45 −108	−209 −272	−467 −530
450	500	+880 +480											−229 −292	−517 −580
500	560		+435 +260	+186 +76	+92 +22	+70 0	+110 0	+175 0	+440 0	0 −70	−44 −114	−78 −148	−280 −350	−600 −670
560	630												−310 −380	−660 −730
630	710		+490 +290	+205 +80	+104 +24	+80 0	+125 0	+200 0	+500 0	0 −80	−50 −130	−88 −168	−340 −420	−740 −820
710	800												−380 −460	−840 −920
800	900		+550 +320	+226 +86	+116 +26	+90 0	+140 0	+230 0	+560 0	0 −90	−56 −146	−100 −190	−430 −520	−940 −1030
900	1000												−470 −560	−1050 −1140
1000	1120		+610 +350	+263 +98	+133 +28	+105 0	+165 0	+260 0	+660 0	0 −105	−66 −171	−120 −225	−520 −625	−1150 −1255
1120	1250												−580 −685	−1300 −1405
1250	1400		+700 +390	+305 +110	+155 +30	+125 0	+195 0	+310 0	+780 0	0 −125	−78 −203	−140 −265	−640 −765	−1450 −1575
1400	1600												−720 −845	−1600 −1725
1600	1800		+800 +430	+350 +120	+182 +32	+150 0	+230 0	+370 0	+920 0	0 −150	−92 −242	−170 −320	−820 −970	−1850 −2000
1800	2000												−920 −1070	−2000 −2150
2000	2240		+920 +480	+410 +130	+209 +34	+175 0	+280 0	+440 0	+1100 0	0 −175	−110 −285	−195 −370	−1000 −1175	−2300 −2475
2240	2500												−1100 −1275	−2500 −2675
2500	2800		+1060 +520	+475 +145	+248 +38	+210 0	+330 0	+540 0	+1350 0	0 −210	−135 −345	−240 −450	−1250 −1460	−2900 −3110
2800	3150												−1400 −1610	−3200 −3410

注：未列出公差带及等级数值参见 GB/T 1800.1—2020、GB/T 1800.2—2020。

表 C-4　形位公差的公差数值（摘自 GB/T 1184—1996）

公差项目	主参数 L/mm	公差等级											
		1	2	3	4	5	6	7	8	9	10	11	12
		公差值/μm											
直线度、平面度	≤10	0.2	0.4	0.8	1.2	2	3	5	8	12	20	30	60
	>10~16	0.25	0.5	1	1.5	2.5	4	6	10	15	25	40	80
	>16~25	0.3	0.6	1.2	2	3	5	8	12	20	30	50	100
	>25~40	0.4	0.8	1.5	2.5	4	6	10	15	25	40	60	120
	>40~63	0.5	1	2	3	5	8	12	20	30	50	80	150
	>63~100	0.6	1.2	2.5	4	6	10	15	25	40	60	100	200
	>100~160	0.8	1.5	3	5	8	12	20	30	50	80	120	250
	>160~250	1	2	4	6	10	15	25	40	60	100	150	300
	>250~400	1.2	2.5	5	8	12	20	30	50	80	120	200	400
	>400~630	1.5	3	6	10	15	25	40	60	100	150	250	500
	>630~1000	2	4	8	12	20	30	50	80	120	200	300	600
	>1000~1600	2.5	5	10	15	25	40	60	100	150	250	400	800
	>1600~2500	3	6	12	20	30	50	80	120	200	300	500	1000
	>2500~4000	4	8	15	25	40	60	100	150	250	400	600	1200
	>4000~6300	5	10	20	30	50	80	120	200	300	500	800	1500
	>6300~10000	6	12	25	40	60	100	150	250	400	600	1000	2000

公差项目	主参数 $d(D)$/mm	公差等级												
		0	1	2	3	4	5	6	7	8	9	10	11	12
		公差值/μm												
圆度、圆柱度	≤3	0.1	0.2	0.3	0.5	0.8	1.2	2	3	4	6	10	14	25
	>3~6	0.1	0.2	0.4	0.6	1	1.5	2.5	4	5	8	12	18	30
	>6~10	0.12	0.25	0.4	0.6	1	1.5	2.5	4	6	9	15	22	36
	>10~18	0.15	0.25	0.5	0.8	1.2	2	3	5	8	11	18	27	43
	>18~30	0.2	0.3	0.6	1	1.5	2.5	4	6	9	13	21	33	52
	>30~50	0.25	0.4	0.6	1	1.5	2.5	4	7	11	16	25	39	62
	>50~80	0.3	0.5	0.8	1.2	2	3	5	8	13	19	30	46	74
	>80~120	0.4	0.6	1	1.5	2.5	4	6	10	15	22	35	54	87
	>120~180	0.6	1	1.2	2	3.5	5	8	12	18	25	40	63	100
	>180~250	0.8	1.2	2	3	4.5	7	10	14	20	29	46	72	115
	>250~315	1.0	1.6	2.5	4	6	8	12	16	23	32	52	81	130
	>315~400	1.2	2	3	5	7	9	13	18	25	36	57	89	140
	>400~500	1.5	2.5	4	6	8	10	15	20	27	40	63	97	155

公差项目	主参数 L、$d(D)$/mm	公差等级											
		1	2	3	4	5	6	7	8	9	10	11	12
		公差值/μm											
平行度、垂直度、倾斜度	≤10	0.4	0.8	1.5	3	5	8	12	20	30	50	80	120
	>10~16	0.5	1	2	4	6	10	15	25	40	60	100	150
	>16~25	0.6	1.2	2.5	5	8	12	20	30	50	80	120	200
	>25~40	0.8	1.5	3	6	10	15	25	40	60	100	150	250
	>40~63	1	2	4	8	12	20	30	50	80	120	200	300
	>63~100	1.2	2.5	5	10	15	25	40	60	100	150	250	400
	>100~160	1.5	3	6	12	20	30	50	80	120	200	300	500
	>160~250	2	4	8	15	25	40	60	100	150	250	400	600
	>250~400	2.5	5	10	20	30	50	80	120	200	300	500	800
	>400~630	3	6	12	25	40	60	100	150	250	400	600	1000
	>630~1000	4	8	15	30	50	80	120	200	300	500	800	1200
	>1000~1600	5	10	20	40	60	100	150	250	400	600	1000	1500
	>1600~2500	6	12	25	50	80	120	200	300	500	800	1200	2000
	>2500~4000	8	15	30	60	100	150	250	400	600	1000	1500	2500
	>4000~6300	10	20	40	80	120	200	300	500	800	1200	2000	3000
	>6300~10000	12	25	50	100	150	250	400	600	1000	1500	2500	4000

公差项目	主参数 $d(D)$、B、L/mm	公差等级											
		1	2	3	4	5	6	7	8	9	10	11	12
		公差值/μm											
同轴度、对称度、圆跳动和全跳动	≤1	0.4	0.6	1.0	1.5	2.5	4	6	10	15	25	40	60
	>1~3	0.4	0.6	1.0	1.5	2.5	4	6	10	20	40	60	120
	>3~6	0.5	0.8	1.2	2	3	5	8	12	25	50	80	150
	>6~10	0.6	1	1.5	2.5	4	6	10	15	30	60	100	200
	>10~18	0.8	1.2	2	3	5	8	12	20	40	80	120	250
	>18~30	1	1.5	2.5	4	6	10	15	25	50	100	150	300
	>30~50	1.2	2	3	5	8	12	20	30	60	120	200	400
	>50~120	1.5	2.5	4	6	10	15	25	40	80	150	250	500
	>120~250	2	3	5	8	12	20	30	50	100	200	300	600
	>250~500	2.5	4	6	10	15	25	40	60	120	250	400	800
	>500~800	3	5	8	12	20	30	50	80	150	300	500	1000
	>800~1250	4	6	10	15	25	40	60	100	200	400	600	1200
	>1250~2000	5	8	12	20	30	50	80	120	250	500	800	1500
	>2000~3150	6	10	15	25	40	60	100	150	300	600	1000	2000
	>3150~5000	8	12	20	30	50	80	120	200	400	800	1200	2500
	>5000~8000	10	15	25	40	60	100	150	250	500	1000	1500	3000
	>8000~10000	12	20	30	50	80	120	200	300	600	1200	2000	4000

位置度系数									
1	1.2	1.5	2	2.5	3	4	5	6	8
1×10^n	1.2×10^n	1.5×10^n	2×10^n	2.5×10^n	3×10^n	4×10^n	5×10^n	6×10^n	8×10^n

注：n 为正整数。

附录 D   部分常用金属材料

碳素结构钢	Q215	A	金属结构件、拉杆、套圈、铆钉、螺栓、短轴、心轴、凸轮、垫圈、渗碳零件及焊接件	"Q"为碳素结构钢屈服点"屈"的汉语拼音首字母,后面的数字表示屈服强度的数值
		B		
	Q235	A	金属结构件、吊钩、拉杆、套圈、气缸、齿轮、螺栓、螺母、连杆、轮轴、盖及焊接件	
		B		
		C		
		D		
	Q275		轴、轴销、刹车杆、螺母、螺栓、垫圈、连杆、齿轮以及其他强度较高的零件	
优质碳素结构钢	10		拉杆、卡头、垫圈、铆钉及用于焊接零件	牌号的两位数字表示钢中碳的平均质量分数。碳的质量分数≤0.25%的属于低碳钢(渗碳钢);碳的质量分数在0.25%~0.6%的属于中碳钢;碳的质量分数>0.6%的属于高碳钢
	15		受力不大、韧性较高的零件、渗碳零件及紧固件、法兰盘和化工容器	
	35		曲轴、转轴、轴销、杠杆、连杆、螺栓、螺母、垫圈、飞轮	
	45		轴、齿轮、齿条、链轮、螺栓、螺母、销钉、键、拉杆等要求综合性能高的各种零件,经正火或调质处理后使用	
	60		弹簧、弹簧垫圈、凸轮、轧辊	
	15Mn		心部力学性能要求较高且须渗碳的零件	
	65Mn		要求耐磨性高的圆盘、衬板、齿轮、花键轴、弹簧、弹簧垫圈等	
合金结构钢	20Mn2		渗碳小齿轮、小轴、活塞销、柴油机套筒、气门推杆、缸套等	钢中加入一定量的合金元素,提高其力学性能和耐磨性以及淬透性,保证金属在较大截面上获得高的力学性能
	15Cr		船舶主机的螺栓、活塞销、凸轮、凸轮轴、汽轮机套环、机车小零件等心部力学性能要求较高且须渗碳的零件	
	40Cr		重要的齿轮、轴、曲轴、连杆、螺栓、螺母等受变载、中速、中载、强烈磨损而无很大冲击的重要零件	
	35SiMn		耐磨、耐疲劳性均佳,适于制造小型轴类、齿轮及工作温度在430℃以下的重要紧固件	
	20CrMnTi		工艺性优,强度、韧性均高,可用于制造承受高速、中等或重负荷以及冲击、磨损等的重要零件,如渗碳齿轮、凸轮等	
一般工程用铸造碳钢	ZG230-450		轧机机架、铁道车辆摇枕、侧梁、铁锌台、机座、箱体、锤轮,以及工作温度在450℃以下的管路附件等	"ZG"为"铸钢"汉语拼音的首字母,后面的第一个数字表示屈服强度,第二个数字表示抗拉强度
	ZG310-570		联轴器、齿轮、气缸、轴、机架、齿圈等各种形状的零件	

灰铸铁	HT150	如端盖、外罩、手轮,一般机床的底座、床身、滑台、工作台和低压管件等小负荷和对耐磨性无特殊要求的零件	"HT"为"灰铁"汉语拼音的首字母,后面的数字表示抗拉强度
	HT200	如机床床身、立柱、飞轮、气缸、泵体、轴承座、活塞、齿轮箱阀体等中等负荷和对耐磨性有一定要求的零件	
	HT250	如阀壳、油缸、气缸、联轴器、机体、齿轮、齿轮箱外壳、飞轮、液压泵和滑阀的壳体等中等负荷和对耐磨性有一定要求的零件	
5-5-5 锡青铜	ZCuSn5Pb5Zn5	耐磨性和耐腐蚀性均好,易加工,铸造性和气密性较好,用于制造较高负荷及中等滑动速度下工作的零件,如轴瓦、衬套、缸套、活塞、离合器、涡轮等	"Z"为"铸"的汉语拼音的首字母,各化学元素后面的数字表示该元素的质量分数
10-3 铝青铜	ZCuAl10Fe3	力学性能好,耐磨性、耐腐蚀、抗氧化性好,可以焊接,不易钎焊。适于制造如涡轮、轴承、衬套、管嘴、耐热管配件等	
25-6-3-3 铝黄铜	ZCuZn25Al6Fe3Mn3	有很高的力学性能,铸造性良好,耐腐蚀性好,可以焊接。适于制造如桥梁支承板、螺母、螺杆、耐磨板、滑块、涡轮等	
38-2-2 锰黄铜	ZCuZn38Mn2Pb2	有较高的力学性能和耐腐蚀性,耐磨性较好,切削性良好。适于制造如套筒、衬套、轴瓦、滑块等	
铸造铝合金	ZAlSi12	形状复杂、负荷小、耐腐蚀的薄壁零件和工作温度≤200℃的高气密性零件	硅的质量分数为$10\%\sim13\%$的硅铝合金
硬铝	2A12	焊机性能好,适于制造高载荷的零件及构件	含Cu、Mg、Mn的硬铝
工业纯铝	1060	塑性、耐腐蚀性高,焊接性好,强度低。适于制造贮槽、热交换器、深冷设备等	牌号中第一位数字1为纯铝的组别,最后两位数字表示最低铝质量分数中小数点后面的两位数